U0312548

砌筑工快速上岗一点通

《砌筑工快速上岗一点通》编委会　编

机械工业出版社

本书以图、表的形式详细介绍了砌筑工在实际施工操作中应掌握的基本知识和基本操作技能。全书共有 7 章，分别对砌筑工识图与砌体主要构造、常用砌筑材料及工具设备、砖砌体工程施工技术及其要点、砖基础和砖墙的砌筑、石材砌体的砌筑、砌块砌体的砌筑和砌筑工施工安全技术等内容进行了较为系统的阐述。

全书编写方式独特、知识脉络清晰、简明扼要、实用易懂，可作为砌筑工施工技术指导用书，也可作为砌筑工上岗培训以及技工学校、职业高中和各种短训班的专业教材，同时也适合具有初中以上文化程度的建筑工人自学、便携速查。

图书在版编目（CIP）数据

砌筑工快速上岗一点通/《砌筑工快速上岗一点通》编委会编. —北京：机械工业出版社，2016.9

ISBN 978-7-111-54959-8

Ⅰ.①砌… Ⅱ.①砌… Ⅲ.①砌筑-岗位培训-教材 Ⅳ.①TU754.1

中国版本图书馆 CIP 数据核字（2016）第 232809 号

机械工业出版社（北京市百万庄大街 22 号 邮政编码 100037）

策划编辑：关正美 责任编辑：关正美 于伟蓉 责任校对：刘 岚

封面设计：张 静 责任印制：常天培

北京中兴印刷有限公司印刷

2016 年 11 月第 1 版第 1 次印刷

184mm×260mm·9 印张·209 千字

标准书号：ISBN 978-7-111-54959-8

定价：29.00 元

本书编委会成员名单

主 任　陈远吉

编 委　李　娜　宁　平　梁康梅　高　翔　薛　晴

　　　　韩玉凤　张青慧　李　鑫　温浩玉　李娴成

　　　　张艳蒙　陈旭辉　闫丽华

前　言

在各种工程建设新技术、新设备、新工艺、新材料已得到广泛应用的今天，建筑工程各工种施工人员应如何做好工程施工准备工作，如何理解各分部分项工程的施工要求和方法，以及如何按照施工组织设计和有关标准、经济文件的要求进行施工等，已成为建筑工程施工人员应具备的重要技能。

本丛书结合建筑工程施工领域最新版的技术标准与技术规范，对建筑施工各工种应具备的技能进行了详细阐述。丛书共包括以下分册：

《钢筋工快速上岗一点通》；

《砌筑工快速上岗一点通》；

《抹灰工快速上岗一点通》；

《木工快速上岗一点通》。

本丛书由工程建设领域的知名专家、学者历经数年编写而成，丛书是他们多年工作的经验积累与总结。与市面上已出版的同类书籍相比，本丛书具有如下特点：

1. 在内容上，将理论与实践结合起来，力争做到理论精炼、实践突出，以满足广大施工技术人员的实际需求，帮助他们更快、更好地领会相关技术要点，并在实际的施工过程中更好地发挥建设者的主观能动性，在原有水平的基础上，不断提高技术水平，更好地完成各项施工任务。

2. 丛书所涵盖的内容全面且清晰，真正做到了内容的广泛性与结构的系统性相结合，有助于广大读者更好地理解和应用。

3. 每分册内容涉及施工技术、质量验收、安全生产等一系列生产过程中的技术问题，内容翔实易懂，最大限度地满足了广大施工人员对施工技术方面知识的需求。

4. 丛书资料翔实，图、文、表并茂，注重对建筑施工现场人员专业技术知识和管理水平的培养，文字表达通俗易懂，适合现场施工技术人员和管理人员随查随用。

本丛书在编写过程中得到了许多施工单位及施工人员的支持和帮助，参考并引用了有关部门、单位和个人的资料，在此一并表示感谢。

由于编者水平有限，书中疏漏之处在所难免，恳请广大读者和专家批评、指正。

编　者

目　　录

第①章

砌筑工识图与砌体主要构造

必备知识点

必备知识点1　常用建筑材料图例

图例是建筑施工图上用图形来表示一定含义的符号。常用建筑材料图例见表1-1。

表1-1　常用建筑材料图例

序号	名　称	图　例	序号	名　称	图　例
1	自然土壤		15	纤维材料	
2	夯实土壤		16	泡沫塑料材料	
3	砂、灰土		17	木材	
4	砂砾石、碎砖三合土				
5	石材		18	胶合板	
6	毛石		19	石膏板	
7	普通砖		20	金属	
8	耐火砖				
9	空心砖		21	网状材料	
10	饰面砖		22	液体	
11	焦渣、矿渣		23	玻璃	
12	混凝土		24	橡胶	
13	钢筋混凝土		25	塑料	
			26	防水材料	
14	多孔材料		27	粉刷	

注：序号1、2、5、7、8、13、14、16、17、18图例中的斜线、短斜线、交叉斜线等均为45°。

必备知识点 2 部分构造及配件图例

部分构造及配件图例见表 1-2。

表 1-2 部分构造及配件图例

序号	名称	图 例	序号	名称	图 例
1	墙体	外墙 / 细线表示有保温层或有幕墙 / 内墙	9	检查口	
			10	孔洞	
2	隔断		11	坑槽	
3	玻璃幕墙		12	墙预留洞、槽	宽×高或φ 标高 / 预留洞 / 宽×高或φ×深 标高 / 预留槽
4	栏杆				
5	楼梯	顶层 下 / 中间层 下 上 / 底层 上	13	地沟	有盖板地沟 / 无盖板明沟
6	坡道	下 长坡道 / 下 两侧垂直的门口坡道 / 下 有挡墙的门口坡道 / 下 两侧找坡的门口坡道	14	烟道	
			15	风道	
7	台阶	下	16	新建的墙和窗	
8	平面高差	XX / XX	17	改建时保留的墙和窗	

（续）

序号	名称	图 例	序号	名称	图 例
18	拆除的墙		24	双面开启单扇门(包括双面平开或双面弹簧)	
19	改建时在原有墙或楼板新开的洞			双层单扇平开门	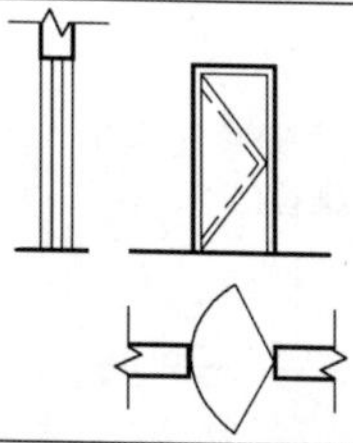
20	在原有墙或楼板洞旁扩大的洞		25	单面开启双扇门(包括平开或单面弹簧)	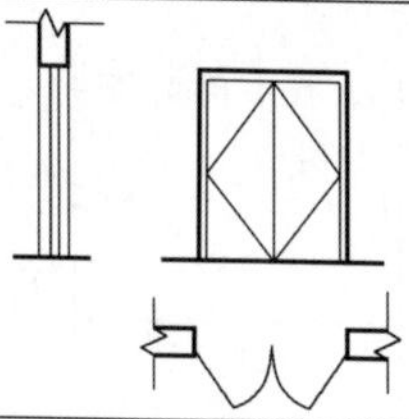
21	在原有墙或楼板上全部填塞的洞			双面开启双扇门(包括双面平开或双面弹簧)	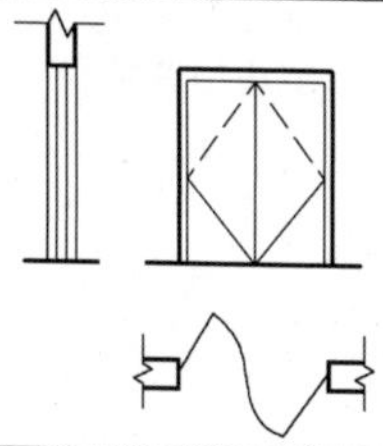
22	在原有墙或楼板上局部填塞的洞			双层双扇平开门	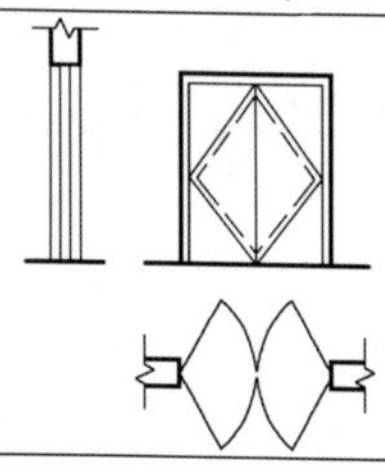
23	空门洞	$h=$ (h 为门洞高度)	26	折叠门	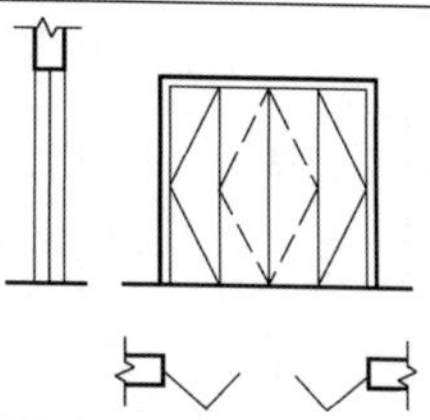
24	单面开启单扇门(包括平开或单面弹簧)			推拉折叠门	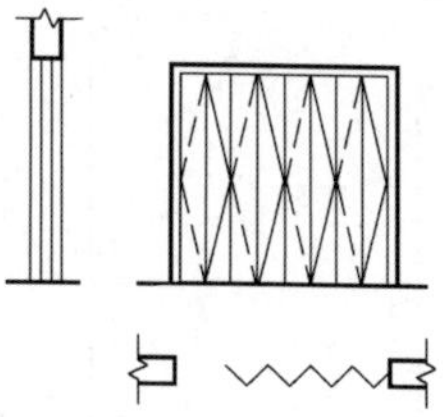

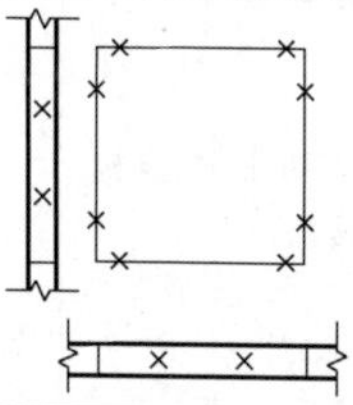

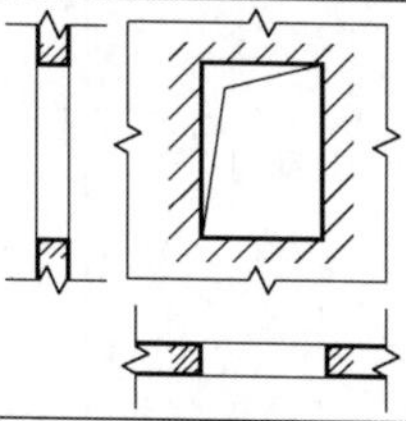

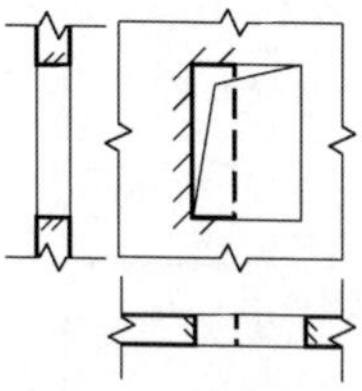

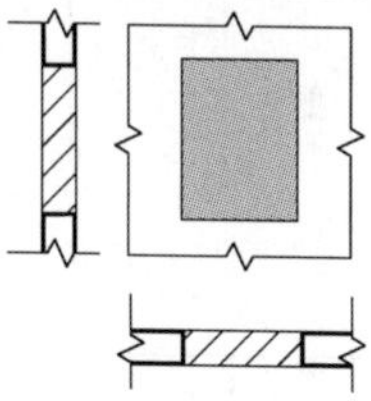

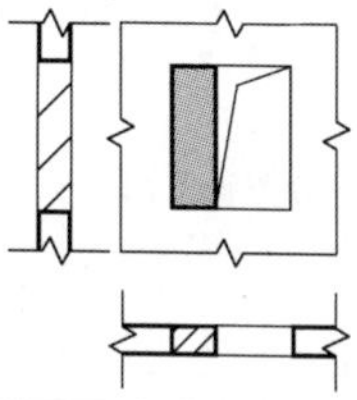

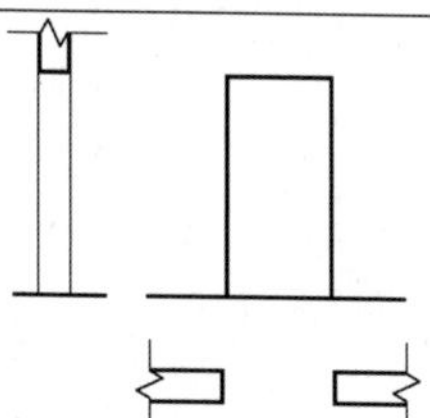

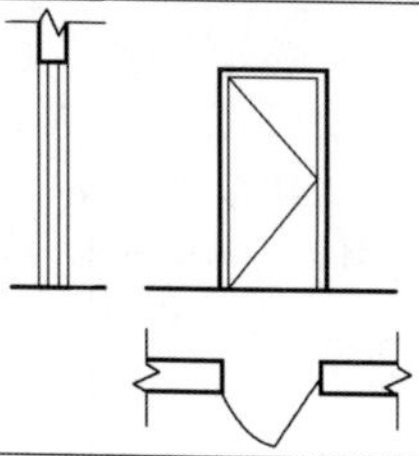

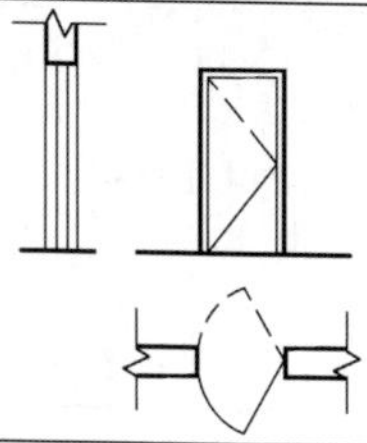

3

（续）

序号	名称	图 例	序号	名称	图 例
27	墙洞外单扇推拉门		30	两翼智能旋转门	
	墙洞外双扇推拉门		31	自动门	
	墙中单扇推拉门		32	折叠上翻门	
	墙中双扇推拉门		33	提升门	
28	推杠门		34	分节提升门	
29	门连窗		35	人防单扇防护密闭门	
30	旋转门			人防单扇密闭门	

（续）

序号	名称	图　例	序号	名称	图　例
36	人防双扇防护密闭门		39	上悬窗	
	人防双扇密闭门			中悬窗	
37	横向卷帘门		40	下悬窗	
	竖向卷帘门		41	立转窗	
	单侧双层卷帘门		42	内开平开内倾窗	
	双侧单层卷帘门		43	单层外开平开窗	
38	固定窗			单层内开平开窗	

（续）

序号	名称	图例	序号	名称	图例
43	双层内外开平开窗		46	百叶窗	
44	单层推拉窗		47	高窗	（h 为高窗底距本层地面高度）
	双层推拉窗				
45	上推窗		48	平推窗	

必备知识点3 施工图的分类与编排顺序

施工图的分类：图纸目录、设计说明、建筑施工图、结构施工图和设备施工图。工程图纸应按专业顺序编排。一般应为图纸目录、总图、建筑图、结构图、给水排水图、暖通空调图、电气图等。各专业的图纸，应该按图纸内容的主次关系、逻辑关系，有序排列。

图纸目录，说明各专业图纸名称、张数和编号，目的是便于查阅。

设计说明，主要说明工程概况和设计依据。包括建筑面积、工程造价；有关的地质、水文、气象资料；采暖通风及照明要求；建筑标准、荷载等级、抗震要求；主要施工技术和材料使用等。

建筑施工图（简称建施），它的基本图纸包括建筑总平面图、平面图、立面图和剖面图等。它的建筑详图包括墙身剖面图、楼梯详图、浴厕详图、门窗详图及门窗表，以及各种装修、构造做法、说明等。在建筑施工图的标题栏内均注写建施××号，可供查阅。

结构施工图（简称结施），它的基本图纸包括基础平面图、楼层结构平面图、屋顶结构平面图、楼梯结构图等。它的结构详图有基础详图，梁、板、柱等构件详图及节点详图等。在结构施工图的标题栏内均注写结施××号，可供查阅。

给水排水施工图，主要表示管道的布置和走向、构件做法和加工安装要求。图纸包括平面图、系统图、详图等。

采暖通风施工图，主要表示管道布置和构造安装要求。图纸包括平面图、系统图、安装详图等。

电气施工图，主要表示电气线路走向及安装要求。图纸包括平面图、系统图、接线原理图以及详图等。

在这些图纸的标题栏内分别注写水施××号、暖施××号、电施××号，以便查阅。

必备知识点4　建筑施工图的识读

1. 总平面图的识读

将拟建工程四周一定范围内的新建、拟建、原有和拆除的建筑物、构筑物连同其周围的地形地物状况，用水平投影方法和相应的图例所画出的图样，称为总平面图。

总平面图是一个建设项目的总体布局，表示新建房屋所在基地范围内的平面布置、具体位置以及周围情况。总平面图通常画在具有等高线的地形图上。除建筑物之外，道路、围墙、池塘、绿化等均用图例表示。

图1-1是某学校拟建教师住宅楼的总平面图。图中用粗实线画出的图形表示新建住宅楼。用中实线画出的图形表示原有建筑物。各个平面图形内的小黑点数，表示房屋的层数。

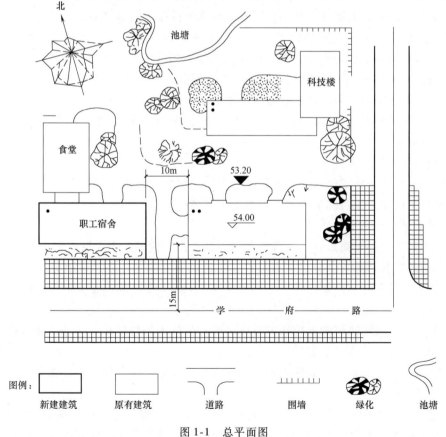

图1-1　总平面图

（1）总平面图的主要用途　工程施工的依据（如施工定位，施工放线和土方工程）；室外管线布置的依据；工程预算的重要依据（如土石方工程量，室外管线工程量的计算）。

（2）总平面图的基本内容

1）表明新建区域的地形、地貌、平面布置，包括红线位置，各建（构）筑物、道路、河流、绿化等的位置及其相互间的位置关系。

2）确定新建房屋的平面位置。一般根据原有建筑物或道路定位，标注定位尺寸。修建成片住宅、较大的公共建筑物、工厂或地形复杂时，用坐标确定房屋及道路转折点的位置。

3）表明建筑物首层地面的绝对标高和室外地坪、道路的绝对标高；说明土方填挖情况、地面坡度及雨水排除方向。

4）用指北针和风向频率玫瑰图来表示建筑物的朝向。风向频率玫瑰图还表示该地区常年风向频率。它是根据某一地区多年统计的各个方向吹风次数的百分数值，按一定比例绘制，用16个罗盘方位表示。风向频率玫瑰图上所表示的风的吹向，是指从外面吹向地区中心的方向。实线图形表示常年风向频率，虚线图形表示夏季（6月、7月、8月三个月）的风向频率。

5）根据工程的需要，有时还有水、暖、电等管线总平面，各种管线综合布置图、竖向设计图、道路纵横剖面图以及绿化布置图等。

2. 建筑平面图的识读

建筑平面图，简称平面图，实际上是一幢房屋的水平剖面图。假想用一水平剖面将房屋沿门窗洞口剖开，移去上部分，剖面以下部分的水平投影图就是平面图。

建筑平面图主要表示建筑物的平面形状、水平方向各部分（出入口、走廊、楼梯、房间、阳台等）的布置和组合关系，墙、柱及其他建筑物的位置和大小。

一般来讲，多层房屋就应画出各层平面图。沿底层门窗洞门切开后得到的平面图，称为底层平面图。沿二层门窗洞口切开后得到的平面图，称为二层平面图。依次可得到三层、四层平面图。当某些楼层平面相同时，可以只画出其中一个平面图，称其为标准层平面图（或中间层平面图）。

（1）建筑平面图的用途

1）建筑平面图是施工放线，砌墙、柱，安装门窗框、设备的依据。

2）建筑平面图是编制和审查工程预算的主要依据。

（2）建筑平面图的基本内容

1）表明建筑物的平面形状，内部各房间包括走廊、楼梯、出入口的布置及朝向。

2）表明建筑物及其各部分的平面尺寸。在建筑平面图中，必须详细标注尺寸。平面图中的尺寸分为外部尺寸和内部尺寸。外部尺寸有三道，一般沿横向、竖向分别标注在图形的下方和左方：

第一道尺寸，表示建筑物外轮廓的总体尺寸，也称为外包尺寸。它是从建筑物一端外墙边到另一端外墙边的总长和总宽尺寸。

第二道尺寸，表示轴线之间的距离，也称为轴线尺寸。它是标注在各轴线之间，说明房间的开间及进深的尺寸。

第三道尺寸，表示各细部的位置和大小的尺寸，也称细部尺寸。它以轴线为基准，标注出门、窗、墙、柱的大小和位置。此外，台阶（或坡道）、散水等细部结构的尺寸可单独标出。

内部尺寸标注在图形内部。用以说明房间的净空大小；内门、窗的宽度；内墙厚度以及固定设备的大小和位置。

3）表明地面及各层楼面标高。

4）表明各种门、窗位置，代号和编号，以及门的开启方向。门的代号用 M 表示，窗的代号用 C 表示，编号数用阿拉伯数字表示。

5）表示剖面图剖切符号、详图索引符号的位置及编号。

6）综合反映其他各工种（工艺、水、暖、电）对土建的要求。各工程要求的坑、台、水池、地沟、电闸箱、消火栓、雨水管等及其在墙或楼板上的预留洞，应在图中表明其位置及尺寸。

7）表明室内装修做法，包括室内地面、墙面及顶棚等处的材料及做法。一般简单的装修在平面图内直接用文字说明；较复杂的工程则另列房间明细表和材料做法表，或另画建筑装修图。

8）文字说明：平面图中不易表明的内容，如施工要求、砖及灰浆的强度等级等需用文字说明。

以上所列内容，可根据具体项目的实际情况取舍。为了表明屋面构造，一般还要画出屋顶平面图。它不是剖面图，而是俯视屋顶时的水平投影图，主要表示屋面的形状及排水情况和凸出屋面的构造位置。

3. 建筑立面图识读

建筑立面图，简称立面图，就是对房屋的前、后、左、右各个方向所作的正投影图。立面图表示了建筑物的体型、外貌和室外装修要求，主要用于外墙的装修施工和编制工程预算。

（1）立面图的命名方法

1）按房屋朝向，如南立面图、北立面图、东立面图、西立面图。

2）按轴线的编号，如图①～㉚立面图、Ⓐ～Ⓞ立面图。

3）按房屋的外貌特征命名，如正立面图、背立面图等。

4）对于简单的对称式房屋，立面图可只绘一半，但应画出对称轴线和对称符号。

（2）建筑立面图的主要图示内容

1）图名，比例。立面图的比例常与平面图一致。

2）标注建筑物两端的定位轴线及其编号。在立面图中一般只画出两端的定位轴线及其编号，以便与平面图对照。

3）画出室内外地面线，房屋的勒脚，外部装饰及墙面分格线；表示出屋顶、雨篷、阳台、台阶、水落管、水斗等细部结构的形状和做法。为了使立面图外形清晰，通常把房屋立面的最外轮廓线画成粗实线，室外地面用特粗线表示，门窗洞口、檐口、阳台、雨篷、台阶等用中实线表示；其余的，如墙面分隔线、门窗格子、水落管以及引出线等均用细实线表示。

4）表示门窗在外立面的分布、外形、开启方向。在立面图上，门窗应按标准规定的图例画出。门、窗立面图中的斜细线，是开启方向符号，细实线表示向外开，细虚线表示向内开。一般无须把所有的窗都画上开启符号，凡是窗的型号相同的，只画出其中一两个即可。

5）标注各部位的标高及必须标注的局部尺寸。在立面图上，高度尺寸主要用标高表示。一般要注出室内外地坪，一层楼地面，窗台、窗顶、阳台面、檐口、女儿墙压顶面，进口平台面及雨篷底面等的标高。

6）标注出详图索引符号。

7）文字说明外墙装修做法。根据设计要求外墙面可选用不同的材料及做法，在立面图上一般用文字说明。

4. 建筑剖面图的识读

建筑剖面图简称剖面图，一般是指建筑物的垂直剖面图，且多为横向剖切形式。

（1）剖面图的主要用途　主要表示建筑物内部垂直方向的结构形式、分层情况、内部构造及各部位的高度等，用于指导施工；编制工程预算时，与平、立面图配合计算墙体、内部装修等的工程量。

（2）建筑剖面图的主要内容

1）图名、比例及定位轴线。剖面图的图名与底层平面图所标注的剖切位置符号的编号一致。在剖面图中，应标出被剖切的各承重墙的定位轴线及与平面图一致的轴线编号。

2）表示出室内底层地面到屋顶的结构形式、分层情况。在剖面图中，断面的表示方法与平面图相同。断面轮廓线用粗实线表示，钢筋混凝土构件的断面可涂黑表示，其他未被剖切到的可见轮廓线用中实线表示。

3）标注各部分结构的标高和高度方向尺寸。剖面图中应标注出室内外地面、各层楼面、楼梯平台、檐口、女儿墙顶面等处的标高。其他结构则应标注高度尺寸。高度尺寸分为以下三道：

第一道是总高尺寸，标注在最外边。

第二道是层高尺寸，主要表示各层的高度。

第三道是细部尺寸，表示门窗洞、阳台、勒脚等的高度。

4）文字说明某些用料及楼、地面的做法等。需画详图的部位，还应标注出详图索引符号。

5. 建筑详图的识读

建筑详图是把房屋的某些细部构造及构配件用较大的比例（如1:20、1:10、1:5等）将其形状、大小、材料和做法详细表达出来的图样，简称详图或大样图、节点图。

详图的表达方法和数量，可根据房屋构造的复杂程度而定。有的只用一个剖面详图就能表达清楚（如墙身详图），有的需加平面详图（如楼梯间、卫生间），或用立面详图（如门窗详图）。

（1）建筑详图的特点

1）图形详图。图形采用较大比例绘制，各部分结构应表达详细，层次清楚，但又要详而不繁。

2）数据详图。各结构的尺寸要标注完整齐全。

3）文字详图。无法用图形表达的内容采用文字说明，要详尽清楚。

（2）建筑详图的分类及特点　建筑详图分为局部构造详图和构配件详图。局部构造详图主要表示房屋某一局部构造做法和材料的组成，如墙身详图、楼梯详图等。构配件详图主要表示构配件本身的构造，如门、窗、花格等详图。

6. 外墙身详图识读

外墙身详图实际上是建筑剖面图的局部放大图。它主要表示房屋的屋顶、檐口、楼层、地面、窗台、门窗顶、勒脚、散水等处的构造；楼板与墙的连接关系。

（1）外墙身详图的主要内容

1）标注墙身轴线编号和详图符号。

2）采用分层文字说明的方法表示屋面、楼面、地面的构造。

3）表示各层梁、楼板的位置及与墙身的关系。

4）表示檐口部分（如女儿墙）的构造、防水及排水构造。

5）表示窗台、窗过梁（或圈梁）的构造情况。

6）表示勒脚部分（如房屋外墙）的防潮、防水和排水的做法。外墙身的防潮层，一般在室内底层地面下 60mm 左右处。外墙面下部有 30mm 厚 1:3 水泥砂浆，层面为褐色水刷石的勒脚、墙根处有坡度为 5% 的散水。

7）标注各部位的标高及高度方向和墙身细部的大小尺寸。

8）文字说明各装饰内、外表面的厚度及所用的材料。

（2）外墙身详图识读时应注意的问题

1）±0.000 或防潮层以下的砖墙以结构基础图为施工依据。看墙身剖面图时，必须与基础图配合，并注意 ±0.000 处的搭接关系及防潮层的做法。

2）屋面、地面、散水、勒脚等的做法、尺寸应和材料做法对照。

3）要注意建筑标高和结构标高的关系。建筑标高一般是指地面或楼面装修完成后上表面的标高，结构标高主要结构构件的下皮或上皮标高。在预制楼板结构楼层剖面图中，一般只注明楼板的下皮标高。在建筑墙身剖面图中只注明建筑标高。

7. 楼梯详图的识读

（1）一般要求　楼梯是房屋中比较复杂的构造，目前多采用预制或现浇钢筋混凝土结构。楼梯由楼梯段、休息平台和栏板（或栏杆）等组成。

楼梯详图一般包括平面图、剖面图及踏步栏杆详图等。它们表示出楼梯的形式，踏步、平台、栏杆的构造、尺寸、材料和做法。楼梯详图分为建筑详图与结构详图，并分别绘制。对于比较简单的楼梯，建筑详图和结构详图可以合并绘制，编入建筑施工图和结构施工图。

（2）楼梯平面图　楼梯节点详图主要表示栏杆、扶手和踏步的细部构造。一般每一层楼都要画一张楼梯平面图。三层以上的房屋，若中间各层的楼梯位置及其梯段数、踏步数和大小相同时，通常只画底层、中间层和顶层三个平面图。

楼梯平面图实际是各层楼梯的水平剖面图，水平剖切位置应在每层上行第一梯段及门窗洞口的任一位置处。各层被剖到的梯段，按《建筑制图统一标准》（GB/T 50104—2010）规定，在平面图中以 45° 折断线表示（底层用一根，中间层用两根）。

在各层楼梯平面图中应标注该楼梯间的轴线及编号，以确定其在建筑平面图中的位置。底层楼梯平面图还应注明楼梯剖面图的剖切符号。

平面图中要注出楼梯间的开间和进深尺寸、楼地面和平台面的标高，以及各细部的详细尺寸。通常把梯段长度尺寸与踏面数、踏面宽的尺寸合写在一起。

（3）楼梯剖面图　假想用一铅垂平面通过各层的一个梯段和门窗洞将楼梯剖开，向另一未剖到的梯段方向投影，所得到的剖面图，即为楼梯剖面图。

楼梯剖面图表达出房屋的层数，楼梯梯段数、步级数以及楼梯形式，楼地面、平台的构造及与墙身的连接等。

若楼梯间的屋面没有特殊之处，一般可不画。楼梯剖面图中还应标注地面、平台面、楼面等处的标高和梯段、楼层、门窗洞口的高度尺寸。楼梯高度尺寸注法与平面图梯段长度注法相同。如 $10 \times 150 = 1500$，10 为梯段步级数减去 1，150 为踏步高度。楼梯剖面图中也应标注承重结构的定位轴线及编号。对需画详图的部位注出详图索引符号。

必备知识点 5　结构施工图的识读

结构施工图是表示建筑物的承重构件（如基础、承重墙、梁、板、柱等）的布置、形状大小、内部构造和材料做法等的图纸。

结构施工图的主要用途见表 1-3。

表 1-3　结构施工图的主要用途

序号	主 要 用 途
1	施工放线，构件定位，支模板，绑扎钢筋，浇筑混凝土，安装梁、板、柱等构件，以及编制施工组织设计的依据
2	编制工程预算和工料分析的依据

建筑结构按其主要承重构件所采用的材料不同，一般可分为钢结构、木结构、砖石结构和钢筋混凝土结构等。不同的结构类型，其结构施工图的具体内容及编排方式也各有不同，但一般都包括结构设计说明、结构平面图、构件详图三部分。

结构构件的种类繁多，为了便于绘图和读图，在结构施工图中常用代号来表示构件的名称。构件代号一般用大写的汉语拼音字母表示。当采用标准、通用图集中的构件时，应用该图集中的规定代号或型号注写。

1. 基础结构图识读

基础结构图或称基础图，是表示建筑物室内地面（ ± 0.000 ）以下基础部分的平面布置和构造的图样，包括基础平面图、基础详图和文字说明等。

（1）基础平面图　基础平面图是假想用一个水平剖切面在地面附近将整幢房屋剖切后，向下投影所得到的剖面图（不考虑覆盖在基础上的泥土）。

基础平面图主要表示基础的平面位置，以及基础与墙、柱轴线的相对关系。在基础平面图中，被剖切到的基础墙轮廓画成粗实线，基础底部的轮廓线画成细实线。基础的细部构造不必画出，它们将详尽地表达在基础详图上。图中的材料图例可与建筑平面图画法一致。

在基础平面图中，必须注出与建筑平面图一致的轴间尺寸。此外，还应注出基础的宽度尺寸和定位尺寸。宽度尺寸包括基础墙宽和大放脚宽；定位尺寸包括基础墙、大放脚与轴线的联系尺寸。总之，基础平面图的内容有：

1）图名、比例。

2）纵横定位线及其编号（必须与建筑平面图中的轴线一致）。

3）基础的平面布置，即基础墙、柱及基础底面的形状、大小及其与轴线的关系。

4）断面图的剖切符号。

5）轴线尺寸、基础大小尺寸和定位尺寸。

6）施工说明。

（2）基础详图　基础详图是用放大的比例画出的基础局部构造图，它表示基础不同断面处的构造做法、详细尺寸和材料。基础详图的主要内容有：

1）轴线及编号。

2）基础的断面形状、基础形式、材料及配筋情况。

3）基础详细尺寸：表示基础的各部分长宽高、基础埋深、垫层宽度和厚度等尺寸，主要部位标高（如室内外地坪及基础底面标高）等。

4）防潮层的位置及做法。

2. 楼层结构平面图识读

楼层结构平面图是假想沿着楼板面（结构层）把房屋剖开而作出的水平投影图。它主要表示楼板、梁、柱、墙等结构的平面布置，现浇楼板、梁等的构造、配筋，以及各构件间的联结关系。一般由平面图和详图所组成。

3. 屋顶结构平面图识读

屋顶结构平面图是表示屋顶承重构件布置的平面图，它的图示内容与楼层结构平面图基本相同。对于平屋顶，因屋面排水的需要，承重构件应按一定坡度铺设，并设置天沟、上人孔、屋顶水箱等。

必备知识点6 钢筋混凝土构件结构详图识读

结构平面图只能表示建筑物各承重构件的平面布置，许多承重构件的形状、大小、材料、构造和连接情况并未清楚地表示出来，因此，需要单独画出各承重构件的结构详图。钢筋混凝土构件有定型构件和非定型构件两种。定型的预制或现浇构件可直接引用标准或通用图，只要在图纸上写明选用构件所在标准图集或通用图集的名称、代号。自行设计的非定型预制或现浇构件，则必须绘制构件详图。

（1）钢筋混凝土构件详图的主要内容

1）构件名称或代号、比例。

2）构件定位轴线及其编号。

3）构件的形状、尺寸和预埋件代号及布置（模板图），构件的配筋（配筋图）。当构件外形简单、又无预埋件时，一般用配筋图来表示构件的形状和配筋。

4）钢筋尺寸和构造尺寸，构件底面的结构标高。

5）施工说明等。

（2）钢筋混凝土构件详图的作用 钢筋混凝土构件详图是钢筋翻样、制作、绑扎、现场制模、设置预埋、浇捣混凝土的依据。

（3）钢筋混凝土构件中的钢筋分类 钢筋在混凝土构件中的作用除了增强受拉区的抗拉强度外，有时还起着其他作用，所以，常把构件中不同位置的钢筋分为以下几种：

1）受力筋。这是构件中根据计算确定的主要钢筋，在受拉区的钢筋为受拉筋，在受压区的钢筋为受压筋。

2）箍筋。在梁和柱中承受剪力或扭力作用，并对纵向钢筋起定位的作用，使钢筋形成钢筋骨架。

3）构造筋。包括架立筋、分布筋及由于构造需要的各种附加钢筋的总称。其中，架立筋是在梁内与受力筋、箍筋构成骨架的钢筋；分布筋是在板内与受力筋组成骨架的钢筋。

构件中钢筋的名称如图1-2所示。

（4）配筋图 主要表示构件配筋情况的图样，称为配筋图。配筋图为清楚地表示出钢筋的形状位置，假设混凝土材料是透明的，图中钢筋用粗实线表示，钢筋的截面画成黑圆点，构件的外形轮廓线用中实线或细实线绘制。对于外形比较复杂或设有预埋件的构件，还

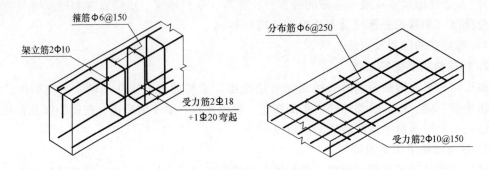

图 1-2　构件中钢筋的名称

要画出表示构件外形和预埋件位置的模板图。

必备知识点7　施工图识读应注意的问题

1）施工图是根据投影原理绘制的，表明房屋建筑的设计及构造做法。所以要看懂施工图，应掌握投影原理和熟悉房屋建筑的基本构造。

2）施工图采用了一些图例符号以及必要的文字说明，共同把设计内容表现在图纸上。因此要看懂施工图，还必须记住常用的图例符号。

3）看图时要注意从粗到细，从大到小。先粗看一遍，了解工程的概貌，然后再细看。细看时应先看总说明和基本图纸，然后再深入看构件图和详图。

4）一套施工图由各工种的多张图纸组成，各图纸之间是互相配合紧密联系的。图纸的绘制大体是按照施工过程中不同的工种、工序分成一定的层次和部位进行的，因此要联系、综合地看图。

5）结合实际看图。根据实践→认识→再实践→再认识的规律，看图时联系生产实践，就能比较快地掌握图纸的内容。

必备知识点8　房屋建筑构造的基本知识

1. 房屋建筑的分类

房屋建筑的分类见表1-4。

表 1-4　房屋建筑的分类

分类方式	具体分类	说　　明
按用途分类	工业建筑	供人们从事生产活动的场所，如机械厂、炼钢厂、造船厂、发电厂、电子元件生产厂、电视机生产厂等，以及附属这些厂房的食库、变电室、锅炉房、水塔等构筑物
	民用建筑	供人们居住、生活、学习和文化娱乐的场所。它又分为居住建筑（如住宅、旅馆、公寓等）和公共建筑（如办公楼、学校、医院、商场、影剧院、车站等）两类
	农业生产建筑	为人们从事农业生产而修造的房屋，如粮仓、畜舍、鸡场等
	科学实验建筑	为科学技术的发展和科学实验而建造的房屋，如高能物理研究试验楼、原子试验小型反应堆、电子计算中心等
	体育建筑	专为体育训练、锻炼和比赛而修建房屋设施，如体育馆、体育场、游泳馆、球场、训练场等

（续）

分类方式	具体分类	说明
按结构承重形式分类	砖承重结构	屋面、楼面和墙身的承重都是由砖墙来承受,并传至基础再到地基,如普通砖混房屋
	排架结构	由屋架支承在柱子上、中间有各种支撑形成铰接的空间结构,如单层工业厂房就属于排架结构形式
	框架结构	由混凝土的柱基础、柱子、梁、板及屋盖结构组成的结构形式,如多层工业厂房、多层公共建筑等
	筒体结构	随着高层建筑的出现而发展起来的结构形式。它的外围和电梯井筒,是由密集的钢筋混凝土柱或连续的钢筋混凝土墙体构成,形成筒体。它的整体性好、刚度大,适用于高层建筑
按结构承重材料分类	木结构房屋	主要是由木材来承受房屋的荷重、用砖石作为围护的建筑,如古建筑、旧式民居。目前已很少修建这样的房屋
	砖石结构房屋	主要是指以砖石砌体为房屋的承重结构,其中,楼板可以用钢筋混凝土楼板或木楼板,屋顶使用钢筋混凝土屋架、木屋架或屋面板及其斜屋面盖瓦
	混凝土结构房屋	主要承重结构(如柱、梁、板、屋架)都是采用混凝土制成。目前,建筑工程中广泛采用这种结构形式
	钢结构房屋	主要骨架采用钢材(主要是型钢)制成,如钢柱、钢梁、钢屋架。一般用于高大的工业厂房及超高层建筑

2. 房屋建筑的构造

房屋建筑的构件见表1-5,砖混民用建筑的组成如图1-3所示,框架结构民用建筑的基本组成如图1-4所示。

表1-5 房屋建筑的构件

组成	
地基与基础	在建筑物中,承受建筑物的全部荷载,并与土层直接接触的部分称为基础,支承基础的部分称为地基。地基与基础的分类见表1-6
墙和柱	房屋的承重和围护构件
楼板	房屋的水平承重构件
楼梯	上下楼层的通道
屋盖	房屋顶部的承重和围护构件,可防止日晒雨淋
门窗	供人员进出的为门,供通风采光的部件为窗
其他	除此以外其他部件,如阳台、雨篷、台阶等

表1-6 地基与基础的分类

名称	说明
天然地基	不经人工处理能直接承受房屋荷载的地基
人工地基	由于土层较软弱或较复杂,必须经过人工处理,提高其承载能力,才能承受房屋的荷载的地基
条形基础	一般由砾石或混凝土材料制成,适用于砖墙承重的住宅、办公楼等多层建筑,如图1-5所示
独立基础	一般采用钢筋混凝土制成,适用作柱下基础,如图1-6所示
桩基	当建筑物上部荷载很大地基软弱土层又较厚时采用的基础形式,它是由桩身和承台两部分组成,统称为桩基础,如图1-7所示
整体式基础	整体式基础是把房屋的基础做成一大块整体结构,一般是用钢筋混凝土制作,形式有筏式和箱式两种。筏式基础的为梁板式结构,箱式基础的做成地下室,如图1-8所示

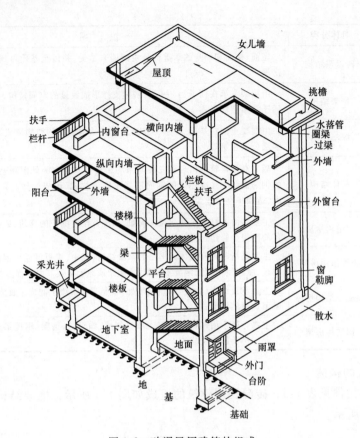

图 1-3　砖混民用建筑的组成

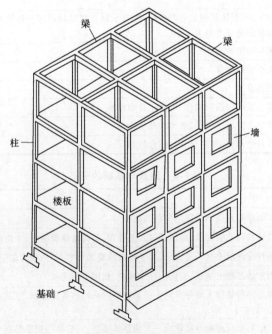

图 1-4　框架结构民用建筑的基本组成

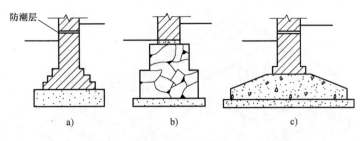

图 1-5　条形基础

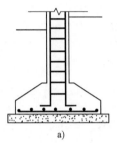

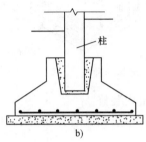

图 1-6　独立基础

a）现浇柱下独立基础　b）预制柱下杯形基础

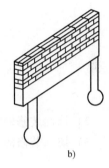

图 1-7　桩基

a）独立柱下桩基　b）地梁下桩基

3. 墙体

（1）墙体的分类

1）按墙体在平面上所处的位置不同，分为内墙和外墙。房屋四周与室外接触的墙称为外墙，位于室内的墙称为内墙。

2）按照墙是否承受外力的情况不同，分为承重墙和非承重墙。承受上部传来的荷载的墙是承重墙，只承受自重的墙是非承重墙。

3）根据使用的材料不同，分为砖墙、石墙、混凝土板墙、砌块墙和轻质材料隔断墙等。

（2）墙体的作用

1）受力作用。主要承受房屋从屋顶、楼层传来的自重、人和设备的可变荷载以及风、雪、地震冲击等特殊荷载。

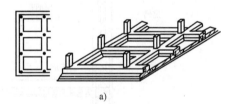

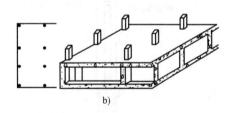

图 1-8　整体式基础

a）筏式基础　b）箱式基础

2）围护作用。外墙具有遮风挡雨、隔热御寒、阻隔噪声的作用，内墙除了分隔房间的作用外，还能隔声和防火等。

3）分隔空间的作用。内墙可将建筑物按不同用途一一分隔开来。

墙体的种类见图 1-9，外墙的构造如图 1-10 所示。

（3）墙面的装饰专修构造

1）墙面装修的作用。第一可保护墙体不被侵蚀，第二可改善墙体的物理性能，第三可以使房屋更美观。

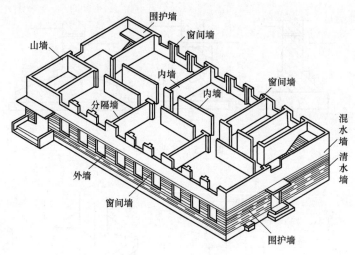

图 1-9 墙体的种类

2）墙面装修的分类。分为室外装修和室内装修。

3）墙面装修的分层构造。一般分面层、中层和底层，如图 1-11 所示。

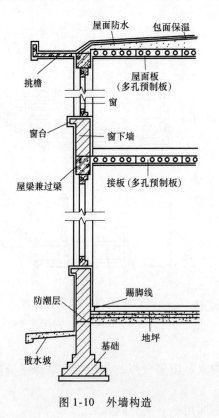

图 1-10 外墙构造

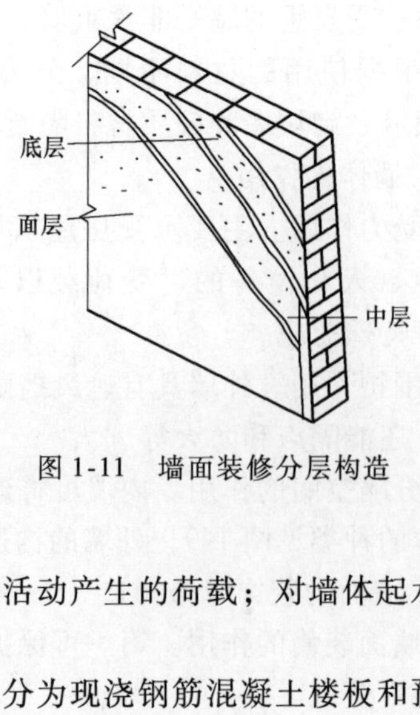

图 1-11 墙面装修分层构造

4. 楼板和地面

楼板的作用：承受楼板自重，房内部的设施和人们活动产生的荷载；对墙体起水平支撑作用；上下层的分隔作用和隔声作用。

楼板的类型：分木楼板和钢筋混凝土楼板，后者又分为现浇钢筋混凝土楼板和预制钢筋混凝土楼板。预制钢筋混凝土楼板可分为预制实心楼板、槽形板、空心板等，如图1-12～图1-14所示。

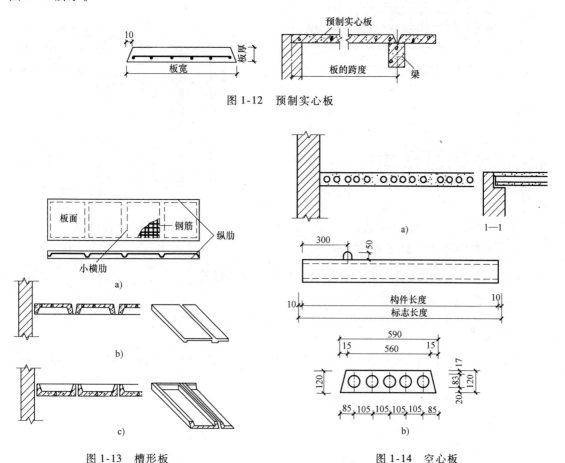

图1-12 预制实心板

图1-13 槽形板
a)、b) 正槽形板 c) 反槽形板

图1-14 空心板

地面的做法：地面根据使用的不同要求有不同的做法，常见的做法有水泥地面，水磨石地面、地砖地面、大理石地面、木地面、耐磨地面、耐火地面、塑料地面等。

楼面和地面的层次构造一般分为面层、中间层和基层。中间层包括垫层、找平层、黏结层等。图1-15为水泥砂浆楼（地）面的分层构造示意图（另一半表示了块料面层的构造）。

5. 门

门按材料分类：木门、钢门、铜门、铝合金门、塑料门、不锈钢门、玻璃门等。

门按开启方式分类：平开门、弹簧门、推拉门、折叠门、卷帘门、转门等。

门由门框、门扇、框扇连接的合页及门锁、拉手、插销等组成，部分还有装饰压条等，如图1-16所示。门作为通行与安全疏散出入口还具有围护、隔断、保证使用安全和挡风的作用。门作为人流最多的出入口，它的选料和安装布置，能对整个建筑物起到美化装饰作用。

6. 窗

窗按材料分类：木窗、钢窗（限制使用）、铜窗、铝合金窗、塑料窗、铝塑窗等。

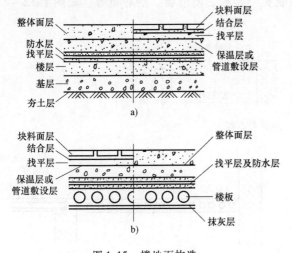

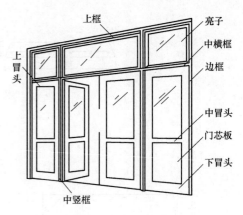

图 1-15　楼地面构造
a）水泥地面构造　b）水泥楼面构造

图 1-16　门的组成

窗按开启方式分类：平开窗、固定窗、转窗和推拉窗等。

窗的作用：采光、通风和围护。

窗由窗框、窗扇、合页及插销、拉手等组成，如图 1-17 所示。

7. 屋盖

屋盖是房屋最上面的外围护构件，起覆盖作用、可抵抗雨雪、遮蔽日晒、能保温、隔热和稳定墙身。

平屋面：坡度很小，接近平面，如图 1-18 所示。

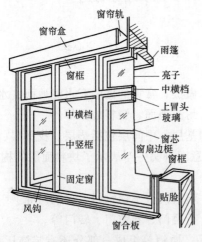

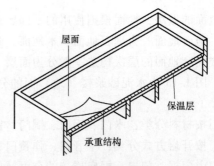

图 1-17　窗的组成

图 1-18　平屋面

坡屋面：坡度大于 15% 的屋面，如图 1-19 所示。

曲屋面：由圆筒形、球形、双曲面形成的屋面，如图 1-20 所示。

平屋面及各种曲屋面主要由结构层、找平层、隔气层、保温层、防水层及覆面保护层组成，如图 1-21 所示。

坡屋面一般采用瓦片防水，其构造由结构层（屋架、檩条、钢筋混凝土板等）基层

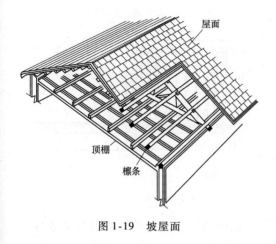

图 1-19　坡屋面

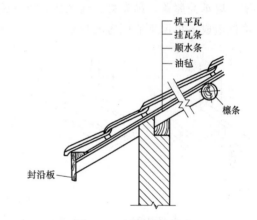

a)　　　　　　b)　　　　　　c)

图 1-20　曲面屋盖

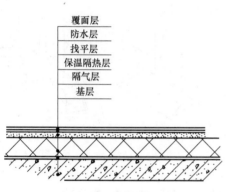

图 1-21　平屋面的构造

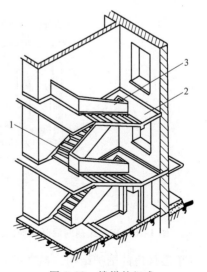

图 1-22　坡屋面的构造

（橡子、望板、油毡及其他新型防水卷材、挂瓦条等）、防水层（瓦片）组成。图 1-22 所示为传统做法的机平瓦屋面的构造。

8. 楼梯

楼梯的组成：一般由楼梯段、休息平台、栏杆（板）和扶手组成，如图 1-23 所示。

楼梯的形式：分单跑楼梯、转折双跑和转折三跑楼梯，还有弧形、螺旋形、悬挑式、剪刀式等多种。最常用的是转折双跑楼梯。

楼梯的分类：按使用材料不同，可分为木楼梯、钢楼梯、钢筋混凝土楼梯等。目前，使用最多的是钢筋混凝土楼梯。

楼梯的作用：给人们提供楼层上下交通的通道；主楼梯及设在大厅里的楼梯及其栏杆（板）还能起到装饰的作用。

9. 阳台、雨篷、台阶

阳台是房屋楼层处于室外的部分，可分为挑出阳

图 1-23　楼梯的组成

1—楼梯段　2—休息平台　3—栏杆或栏板

台和凹进阳台两种。目前多采用钢筋混凝土制成，如图1-24所示。

雨篷是建筑物入口处遮挡风雪、保护外门免受雨淋的物件，大多是悬挑式的，一般不上人。

台阶是房屋室内和室外地面联系的过渡，根据室内外高差有若干踏步，便于行走。图1-25所示为各种不同形式的台阶。

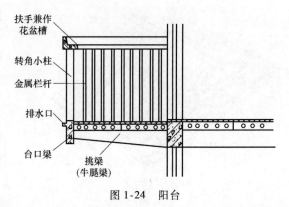

图1-24　阳台

10. 单层工业厂房

单层工业厂房的承重结构，是由横向排架和纵向的支撑及连系构件组成，如图1-26所示。图中的屋架及柱子与基础组成横向排架，以承受屋盖、吊车梁；连系梁及支撑系统与每榀排架相连接，保证排架的稳定性。这些构件组成了单屋工业厂房的骨架。

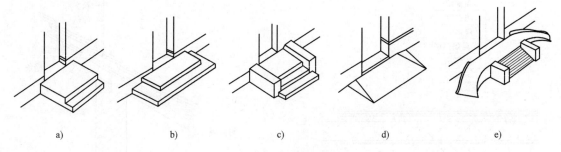

图1-25　台阶的形式

a）单面踏步式　b）三面踏步式　c）单面踏步带方形石　d）坡道　e）坡道与踏步结合

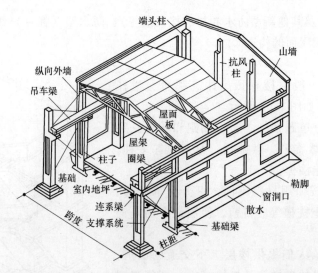

图1-26　装配式钢筋混凝土横向排架结构单层厂房构件组成（未表示屋盖结构支承系统）

单层厂房的围护结构，最常见是砖墙，它砌在柱的外侧，与柱子、屋架端头用钢筋拉接形成整体。如图1-27，图1-28所示。也有采用预制构件或其他轻质板材制作围护构件的。

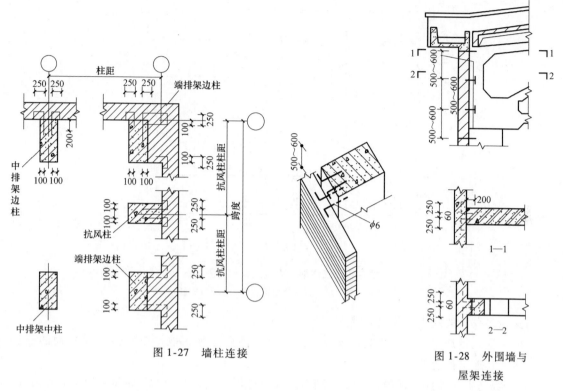

图 1-27　墙柱连接

图 1-28　外围墙与
屋架连接

基础梁是架在柱基础上承受外墙重量的构件。图 1-29 所示是基础梁支承在基础上的几种形式。

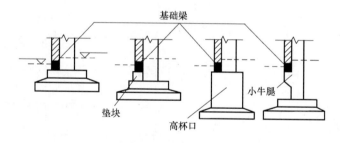

图 1-29　基础梁的搁置

为了加强墙体的整体性，在厂房的窗上口、吊车梁边、屋架端头、柱顶处设置墙梁（连系梁）或圈梁与骨架连接，使墙体的稳定性和抗风能力得到加强。

必备知识点 9　砖石结构和抗震基本知识

1. 板

（1）现浇钢筋混凝土板。图 1-30 为现浇钢筋混凝土板的结构平面图，图中板支承于梁及纵墙上，梁支承于墙或柱上。一般墙上（或板底）均设圈梁，板与圈梁相连接。

（2）预应力多孔板。预应力多孔板常用于砖混结构房屋中，一般板厚 11～12cm，有五孔、六孔等。由于多孔板是空心的，搁置于墙上的板头局部抗压强度较低，所以必须用混凝

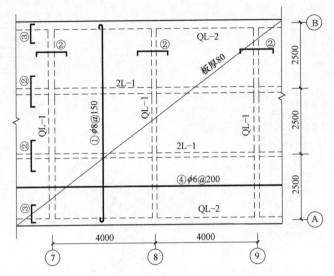

图 1-30　现浇钢筋混凝土板结构平面图
①—主筋　②、③—板面构造筋　④—分布筋

土堵头，多孔板的两边不可嵌入墙内（图 1-31）。

由于多孔板是相互分开的搁置于墙（梁）上，因此必须采取措施使楼（屋）面的板边成整体，其连接构造如下：

1）板与板的连接。板缝需用 C20 细石混凝土灌捣密实，板缝的下端宽度以 10mm 为宜，当板缝过宽时，则应按楼面荷载作用于板缝上计算配筋。板缝间应配筋（图 1-32），以加强楼板的整体刚度和强度。

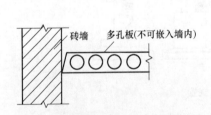

图 1-31　多孔板与墙平行时的布置方式

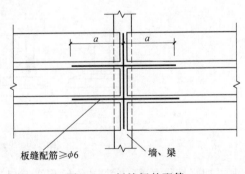

图 1-32　板缝间的配筋

2）板与墙、梁的连接。预制板搁置的墙上应有 20mm 的铺灰，其中 10mm 为座灰。铺灰材料采用与砌体相同强度的砂浆，但不应低于 M5。板的支座上部设置锚固钢筋与墙或梁连接，具体构造如图 1-33 所示。

除了把垂直荷载传递给墙及梁之外，在水平荷载（如风荷载、地震荷载）作用下，楼（屋）盖起着支承纵墙的水平梁作用，并通过楼（屋）盖本身水平向的弯曲和剪切，将水平力传给横墙。因此，板经过灌缝、配筋及后浇面层与梁、墙连接成整体，承受楼（屋）盖在水平方向发生弯曲和剪切时产生的内力；板和横墙的连接起着保证将水平力传给横墙的作用；板和纵墙连接承受纵墙传给楼板（屋面板）的水平压力或吸力，并保证纵墙的稳定。

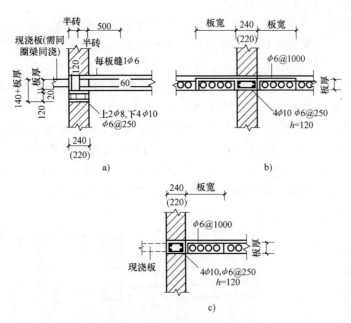

图 1-33　板与圈梁的连接方式

a）与 L 形圈梁连接　b）板面圈梁情况　c）与板面圈梁连接

板、梁和墙体的连接不但要保证水平荷载的传递，当梁板作用在墙上的荷载是偏心荷载时，连接处还要承受偏心荷载引起的水平力。

2. 圈梁

圈梁一般应设置于预制板同一标高处或紧靠板底，截面高度不宜小于 120mm。圈梁应闭合，遇有洞口应上下搭接（图 1-34b）。圈梁钢筋的接头应满足图 1-34a、c 要求。

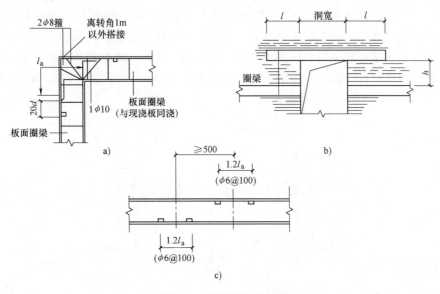

图 1-34　圈梁的构造要求

a）转角处板面圈梁之间连接　b）圈梁被洞口切断处　c）圈梁钢筋搭接

圈梁的主要作用：一是提高的空间刚度，增加建筑物的整体性，防止因不均匀沉降、温差而造成砖墙裂缝；二是提高砖砌体的抗剪、抗拉强度，提高房屋的抗震能力。

3. 构造柱

按照抗震设防的要求，砖混结构应按规定设置构造性。构造柱最小截面面积可采用240mm×180mm，纵向钢筋宜大于或等于$4\phi12$，箍筋间距不宜大于250mm，且在柱上下端适当加密（图1-35）。当设防烈度为6和7度时超过六层、8度时超过五层和9度时，纵向钢筋采用$4\phi14$，箍筋间距不应大于200mm。房屋四角的构造柱应适当加大截面面积和配筋。构造柱可以加强房屋抗垂直地震力的能力，特别是承受向上地震力时，由于构造柱与圈梁连接成封闭环形，可以有效地防止墙体拉裂，并可以约束墙面裂缝的开展。

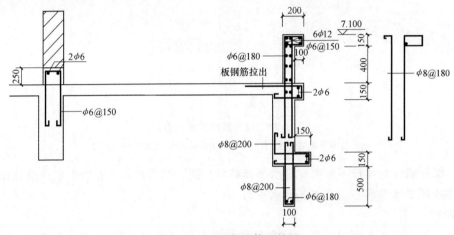

图 1-35　雨篷构造柱配筋图

构造柱与墙接合面，宜做成马牙槎，并沿墙高每隔500mm设$2\phi6$拉接筋和$\phi4$分布短筋平面内点焊组成的拉结网片或$\phi4$点焊钢筋网片，每边伸入墙内不小于1m。构造柱的马牙槎从柱脚或柱下端开始，砌体应先退后进，以保证各层柱端有较大的断面（图1-35）。

构造柱应于圈梁可靠连接，隔层设置圈梁的房屋，应在无圈梁的楼层设配筋砖带。

构造柱可不单独设置基础，但应伸入室外地面下500mm，或锚入浅于500mm的基础圈梁内，如图1-36所示的构造柱根部形式。

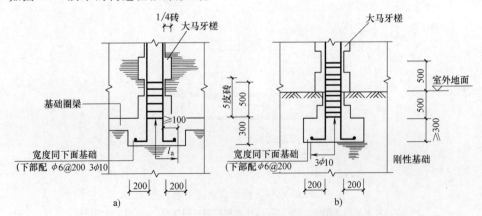

图 1-36　构造柱与砖墙的大马牙槎连接

a）构造柱置于基础圈梁内　b）构造柱置于刚性基础上

凸出屋面的建筑物，构造柱应伸到顶部，并与顶部圈梁连接。

女儿墙应设构造小柱。当地震烈度为6度时，间距3.3h（h为女儿墙高度），当地震烈度为7度时，间距为2.5h，并宜布置在横轴线外。构造上应设压顶或圈梁，下部与梁连接（图1-37）。

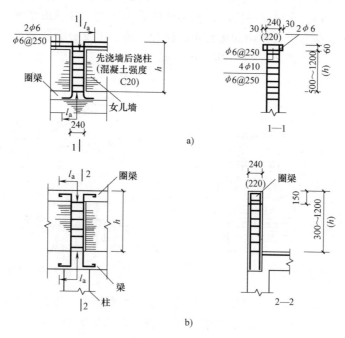

图1-37　女儿墙构造小柱与压顶连接

a）小柱与压顶连接　b）小柱与圈梁连接

注：6度设防时 $l = 3.3h$；7度设防时 $l = 2.5h$。

设置通用构造柱，可以加强纵横墙的连接，也可以加强墙体的抗剪、抗弯能力和延性，从而提高抗水平地震力的能力。

此外，构造柱还可以有效地约束因温差而造成的水平裂缝的发生。

4. 挑梁、阳台和楼梯

（1）挑梁。挑梁在墙根部承受最大负弯矩，截面的上部受拉，下部受压。故截面的上端钢筋为受力钢筋，下端为构造钢筋（图1-38）。

挑梁伸入墙内长度的确定，要考虑由于梁悬挑而引起的倾覆因素。伸入墙内的梁越长，压在梁上的墙体重量越大，抵抗倾覆的能力越强。所以规范规定：

挑梁纵向受力钢筋至少应有1/2的钢筋面积伸入梁尾端，且不少于 $2\phi12$，其他钢筋伸入支座的长度不应小于 $2l_1/3$；挑梁埋入砌体长度 l_1 与挑出长度 l 之比宜大于1.2；当挑梁上无砌体时，l_1 与 l 之比宜大于2。

（2）阳台　一方面阳台承受在其上面活动的人、物荷载及自重，

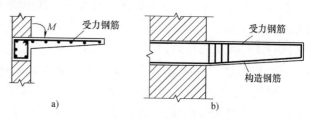

图1-38　悬挑构件的钢筋构造

a）雨篷板　b）阳台挑梁

挑梁则承受阳台板传来的荷载，并通过伸入墙内的挑梁防止阳台的倾覆。另一方面阳台又起遮雨的作用。挑梁伸入墙内的长度一般设计图上均注明约为挑出长度的 1.5 倍，砌砖时应予以留出；此外，阳台面的泛水防水也应予以重视。

（3）楼梯。楼梯是楼层间的通道，承担疏通人流、物流的作用。它承受自身荷载、人和物的活荷载，有时还要承受水平力，并把力传递到墙上去。楼梯由楼梯段、楼梯梁、休息平台构成。在构造上分为梁式楼梯和板式楼梯两种；施工上又分为预制吊装的构件式和现场支模浇灌混凝土的现浇式两种（图 1-39、图 1-40）。

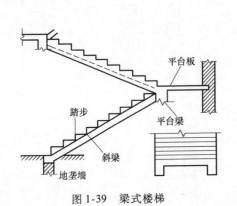

图 1-39　梁式楼梯　　　　　　　　　　图 1-40　板式楼梯

一般情况下，现浇楼梯的踏步板不宜直接支承在承重墙上，因为支承在承重墙上会造成施工复杂且削弱砖墙的承载力。起步（首层）宜设置在基础梁上。

5. 各种砖石结构的受力情况

（1）均布荷载　均布荷载均匀分布在楼板或墙身上，故称为均布荷载。如自身重量、雨水、积雪等。单位为牛顿/平方米（N/m^2）或千牛顿/平方米（kN/m^2）。

（2）集中荷载　集中荷载是以集中于某一处的形式作用在墙体或楼板上，则称为集中荷载。如果一根大梁搁在墙上某处，那么该处受到这个梁传来的集中力，也就是该点有一个集中荷载。单位为牛顿（N）或千牛顿（kN）。

（3）墙体受力情况　荷载是自上而下传递，首先考虑房屋中屋盖荷载，它包括梁、板、防水层等重量和屋面活荷载。外墙荷载包括墙体自重和内外抹灰层荷载等。在多层建筑物中各层的墙都承受其以上各层建筑物重量的总和，并将这些重量传给它的下一层墙，逐层传下去，最后传给基础。

（4）楼房的各层楼板　它们都是由空心楼板组成的，楼板支承在进深梁或横墙上。每根进深梁承受梁两侧各 1/2 板跨的楼板自重及楼面活荷载，并将此荷载和梁本身的自重传递到内纵墙和外墙上。屋盖的梁、板布置与各层楼板相同时，进深梁传递给外墙的荷载也等于阴影部分的楼板全部荷载。

（5）窗间墙　所谓窗间墙，就是两相邻窗洞之间的外墙。底层的窗间墙，负担其二、三层相邻两个窗洞中轴线范围内的外墙重量。底层窗间墙承受的荷载，即为屋盖与二、三层楼板阴影部分的荷载叠加，再加上二、三层阴影部分外墙荷载，及 3m 范围内女儿墙、挑檐荷载的总和。

通过以上分析，可以看出多层砖石结构房屋，越靠近底层的墙体承受的荷载越大，所以设计人员在设计墙体时，要把楼房下部几层的墙体比上部的墙体设计得厚一些，同时砂浆的强度等级也设计得高一些。

6. 砌体的抗压、抗拉、抗剪强度

（1）抗压强度　砖石砌体每单位面积上能抵抗压力的能力称为抗压强度。砌体的抗压强度是由标准试体经一定条件的养护后，在大型压力机上试压，通过试件破坏时所进行的系列强度的统计平均值而确定的。

抗压强度值，就是在砌体水平截面单位面积上所能承受的最大压力值。抗压强度单位为牛顿/毫米^2（N/mm^2）或称为兆帕（MPa）。

砌体的抗压强度与砖的强度和砂浆的强度有直接的关系。砖和砂浆的强度越高，砌体的强度也就越高，反之亦然。

（2）抗拉强度　当某一段砌体的两端各受到一个相同的拉力，使砌体拉裂时，砌体受拉截面的单位面积上所承受的拉力，称为砌体的抗拉强度。计量单位同抗压强度。

砌体轴心受拉时，一般沿竖向和水平灰缝成锯齿形或阶梯形拉断破坏，如图 1-41 所示。这种形式的破坏，是由于砖与砂浆之间黏结强度及砂浆层本身的强度不足所造成，称为砌体沿齿缝截面破坏。

另一种轴心受拉破坏是否竖向灰缝和砖块本身一起断裂，如图 1-42 所示。这种沿砖截面破坏的主要原因是由于砖的抗拉强度较弱。

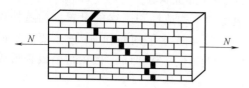

图 1-41　砌体轴心受拉沿齿缝破坏情况

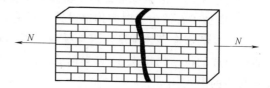

图 1-42　砌体轴心受拉沿砖石截面破坏情况

（3）弯曲抗拉强度　如图 1-43 所示一段受弯的墙体，在墙体的一侧断面内产生拉力，另一侧断面内产生压应力。产生压应力的这部分墙体所能承受的最大拉应力，称为砌体的弯曲抗拉强度。

抗剪强度，如一个砖柱受到水平方向的外力，在受力点以下的砌体内受到水平的剪力。这时，下部可能有两种破坏形式，一是沿水平灰缝破坏，另一种是沿竖直灰缝和水平灰缝破坏（图 1-44a、b）。还有一种砌体在弯曲时发生剪切破坏，如钢筋砖过梁由于上部荷载的作用，在过梁的两端产生竖向剪力，这个剪力由砖砌体来承担，当荷载过大或砌体强度不足则会造成过梁受剪破坏。它的破坏，一般沿灰缝呈阶梯形，如图 1-44c 所示。

总之，砌体的剪切破坏，与砂浆强度和饱满度有直接关系。

7. 地震的一般知识

震级是地震时发出能量大小的等级，国

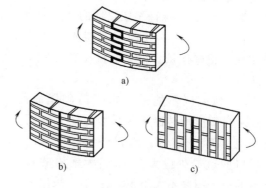

图 1-43　砌体弯曲受拉破坏形态
a）沿齿缝截面破坏　b）沿块体和竖向灰缝截面破坏
c）沿通缝截面破坏

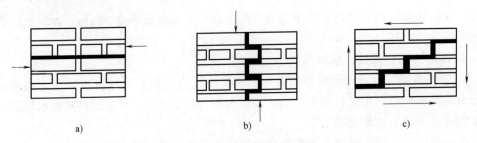

图 1-44　砌体剪切破坏形态

a）沿通缝剪切　b）沿齿缝剪切　c）沿阶梯形缝剪切

际上用地震仪来测定，一般分为九级。震级越大，地震力越大。

烈度是人对地震力产生的震动感受以及地面和各类建筑物遭受一次地震影响的强弱程度。震中点的烈度称为震中烈度。目前，我国采用的地震烈度表划分为 12 个等级。

地震虽然是一种偶然发生的自然灾害，但只要做好房屋的抗震构造和措施，灾害是可以减轻的。一般措施如下：

1）房屋应建造在对抗震有利的场地和较好的地基土上。

2）房屋的自重要轻。

3）建筑物的平面布置要力求形状整齐、刚度均匀对称，不要凹进凸出，参差不齐。立面上也应避免高低起伏或局部凸出。体长的多层建筑要设置抗震缝。

4）增加砖石结构房屋的构造设置。目前，普遍增加了构造性和圈梁的设置。构造柱可以增强房屋的竖向整体刚度。墙与柱应沿墙高每 50cm 设 $2\phi6$ 水平钢筋和 $\phi4$ 分布短筋平面内点焊组成的拉结网片或 $\phi4$ 点焊钢筋网片，每边伸入墙内不应少于 1m。圈梁应沿墙顶做成连接封闭的形式。

5）提高砌筑砂浆的强度等级。抗震措施中重要的一点是提高砌体的抗剪强度，一般要用 M5 以上的砂浆。为此，施工时砂浆的配合比一定要准确，砌筑时砂浆要饱满，黏结力强。

6）加强墙体的交接与连接。当房屋有抗震要求时，不论房间大小，在房屋外墙转角处应沿墙高每 50cm（约 8 皮砖），在水平灰缝中配置 $3\phi6$ 的钢筋，每边伸入墙内 1m。砌体一定要用踏步槎接槎。非承重墙和承重墙连接处，应沿墙每 50cm 高配置 $2\phi6$ 拉结钢筋，每边伸入墙内 1m，以保证房屋整体的抗震性能，如图 1-45 所示。

7）屋盖结构必须和下部砌体（砖墙或砖柱）很好连接。屋盖尽量要轻，整体性要好。

8）地震区不能采用拱壳砖砌屋面；门窗上口不能用砖砌平拱代替过梁；窗间墙的宽度要大于 1m；承重外墙尽端至门窗洞口的边最少应大于 1m；无锚固的女儿墙的最大高度不大于 50cm；不应采用无筋砖砌栏板；预制多孔板在砖墙上的搁置长度不小于 10cm，在梁上不少于 8cm。

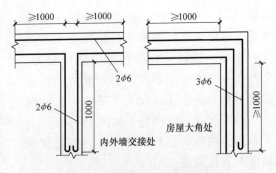

图 1-45　抗震墙体连接构造图

实践技能

实践技能1　图纸幅面规格与图纸编排顺序

1. 图纸幅面

1）图纸幅面及图框尺寸，应符合表1-7的规定。

表1-7　图纸幅面及图框尺寸　　　　　　　　　　　　（单位：mm）

尺寸代号 幅面代号	A0	A1	A2	A3	A4
$b \times l$	841×1139	594×841	420×594	297×420	210×297
c		10			5
a			25		

2）需要微缩复制的图纸，其一个边上应附有一段准确米制尺度，四个边上均附有对中标志，米制尺度的总长应为100mm，分格应为10mm。对中标志应画在图纸各边长的中点处，线宽应为0.35mm，伸入框内应为5mm。

3）图纸的短边一般不应加长，长边可加长，但应符合表1-8的规定。

表1-8　图纸长边加长尺寸　　　　　　　　　　　　（单位：mm）

幅面尺寸	长边尺寸	长边加长后尺寸						
A0	1189	1486	1635	1783	1932	2080	2230	2378
A1	841	1051	1261	1471	1682	1892	2102	
A2	594	743	891	1041	1189	1338	1486	1635
		1783	1932	2080				
A3	420	630	841	1051	1261	1471	1682	1892

注：有特殊需要的图纸，可采用$b \times l$为841mm×891mm与1189mm×1261mm的幅面。

图纸以短边作为垂直边称为横式，以短边作为水平边称为立式。一般A0～A3图纸宜横式使用；必要时，也可使用立式。一个工程设计中，每个专业所使用的图纸，一般不宜多于两种幅面，不含目录及表格所采用的A4幅面。

2. 标题栏与会签栏

图纸的标题栏、会签栏及装订边的位置，应符合下列规定：

1）横式使用的图纸应按图1-46、图1-47的形式布置。

2）立式使用的图纸应按图1-48、图1-49的形式布置。

3）标题栏应按图1-50、图1-51所示，根据工程需要选择确定其尺寸、格式及分区。签字区应包含实名列和签名列，并应符合下列规定：涉外工程的标题栏内，各项主要内容的中文下方应附有译文，设计单位的上方或左方，应加"中华人民共和国"字样；在计算机制图文件中，当使用电子签名与认证时，应符合国家有关电子签名法的规定。

工程图纸应按专业顺序编排，应为图纸目录、总图、建筑图、结构图、给水排水图、暖通空调图、电气图等。各专业的图纸，应该按图纸内容的主次关系、逻辑关系，有序排列。

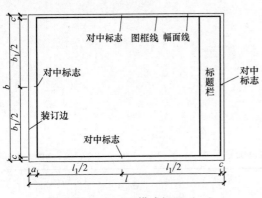

图 1-46　A0～A3 横式幅面（一）

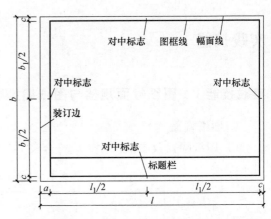

图 1-47　A0～A3 横式幅面（二）

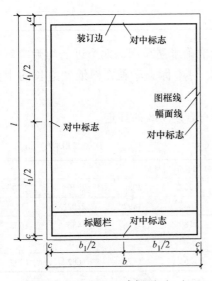

图 1-48　A0～A4 立式幅面（一）

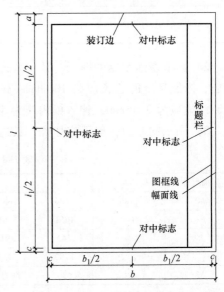

图 1-49　A0～A4 立式幅面（二）

实践技能 2　图线的表示方法与作用

1. 图线宽度选取

图线的宽度 b，宜从下列线宽系列中选取：1.4mm，1.0mm，0.7mm，0.5mm，0.35mm、0.25mm、0.18mm、0.13mm。图线宽度不应小于 0.1mm。每个图样，应根据复杂程度与比例大小，先选定基本线宽 b，再选用表 1-9 中相应的线宽组。

表 1-9　线宽组　　　　　　　　　　　　　　　　　　（单位：mm）

线宽比	线　宽　组			
b	1.4	1.0	0.7	0.5
$0.7b$	1.0	0.7	0.5	0.35
$0.5b$	0.7	0.5	0.35	0.25
$0.25b$	0.35	0.25	0.18	0.13

注：1. 需要微缩的图纸，不宜采用 0.18mm 及更细的线宽。
　　2. 同一张图纸内，各不同线宽中的细线，可统一采用较细的线宽组的细线。

设计单位 名称区
注册师 签章区
项目经理 签章区
修改记录区
工程名称区
图号区
签字区
会签栏

|←— 40～70 —→|

图 1-50　标题栏（一）

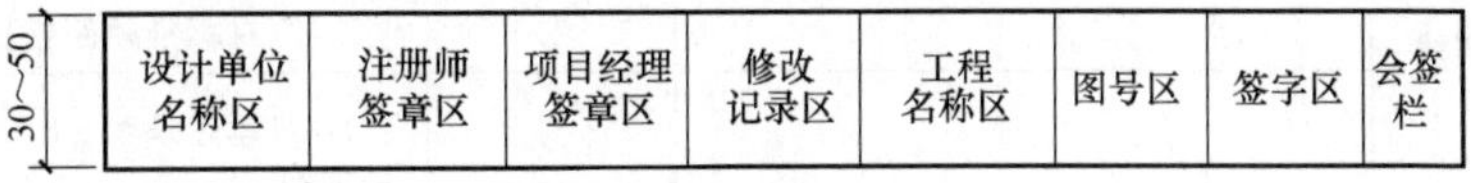

	设计单位 名称区	注册师 签章区	项目经理 签章区	修改 记录区	工程 名称区	图号区	签字区	会签 栏
30~50								

图 1-51　标题栏（二）

2. 常见线型宽度及用途

工程建设制图常见线型宽度及用途见表 1-10。

表 1-10　工程建设制图常见线型宽度及用途

名　称		线　型	线宽	用　途
实线	粗		b	主要可见轮廓线
	中粗		$0.7b$	可见轮廓线
	中		$0.5b$	可见轮廓线、尺寸线、变更云线
	细		$0.25b$	图例填充线、家具线
虚线	粗		b	见各有关专业制图标准
	中粗		$0.7b$	不可见轮廓线
	中		$0.5b$	不可见轮廓线、图例线
	细		$0.25b$	图例填充线、家具线
单点长画线	粗		b	见各有关专业制图标准
	中		$0.5b$	见各有关专业制图标准
	细		$0.25b$	中心线、对称线、轴线等
双点长画线	粗		b	见各有关专业制图标准
	中		$0.5b$	见各有关专业制图标准
	细		$0.25b$	假想轮廓线、成型前原始轮廓线
折断线	细		$0.25b$	断开界线
波浪线	细		$0.25b$	断开界线

3. 图框线和标题栏线

工程建设制图，图纸的图框线和标题栏线，可采用表 1-11 的线宽。

表 1-11　图框线和标题栏线的宽度　　　　　　　　　（单位：mm）

幅面代号	图框线	标题栏外框线	标题栏分格线
A0、A1	b	$0.5b$	$0.25b$
A2、A3、A4	b	$0.7b$	$0.35b$

4. 总图制图图线

总图制图，应根据图纸功能，按表 1-12 规定的线型选用。

表 1-12　总图制图图线

名称		线型	线宽	用　途
实线	粗	——————	b	1. 新建建筑物 ±0.00 高度可见轮廓线 2. 新建铁路、管线
	中	————	$0.7b$ $0.5b$	1. 新建构筑物、道路、桥涵、边坡、围墙、运输设施的可见轮廓线 2. 原有标准轨距铁路
	细	————	$0.25b$	1. 新建建筑物 ±0.00 高度以上的可见建筑物、构筑物轮廓线 2. 原有建筑物、构筑物、原有窄轨、铁路、道路、桥涵、围墙的可见轮廓线 3. 新建人行道、排水沟、坐标线、尺寸线、等高线
虚线	粗	— — — —	b	新建建筑物、构筑物地下轮廓线
	中	– – – – –	$0.5b$	计划预留扩建的建筑物、构筑物、铁路、道路、运输设施、管线、建筑红线及预留用地各线
	细	– – – – –	$0.25b$	原有建筑物、构筑物、管线的地下轮廓线
单点长画线	粗	—·—·—·—	b	露天矿开采界限
	中	—·—·—·—	$0.5b$	土方填挖区的零点线
	细	—·—·—·—	$0.25b$	分水线、中心线、对称线、定位轴线
双点长画线		—··—··—	b	用地红线
		—··—··—	$0.7b$	地下开采区塌落界限
		—··—··—	$0.5b$	建筑红线
折断线		——／\———	$0.5b$	断线
不规则曲线		～～～	$0.5b$	新建人工水体轮廓线

注：根据各类图纸所表示的不同重点确定使用不同粗细线型。

5. 建筑制图图线

建筑专业、室内设计专业制图采用的各种图线，应符合表1-13的规定。

表1-13　建筑制图图线

名称		线型	线宽	用　途
实线	粗	——————	b	1. 平、剖面图中被剖切的主要建筑构造（包括构配件）的轮廓线 2. 建筑立面图或室内立面图的外轮廓线 3. 建筑构造详图中被剖切的主要部分的轮廓线 4. 建筑构配件详图中的外轮廓线 5. 平、立、剖面图的剖切符号
	中粗	——————	$0.7b$	1. 平、剖面图中被剖切的次要建筑构造（包括构配件）的轮廓线 2. 建筑平、立、剖面图中建筑构配件的轮廓线 3. 建筑构造详图及建筑构配件详图中的一般轮廓线
	中	——————	$0.5b$	小于$0.7b$的图形线、尺寸线、尺寸界线、索引符号、标高符号、详图材料做法引出线、粉刷线、保温层线、地面、墙面的高差分界线等
	细	——————	$0.25b$	图例填充线、家具线、纹样线等
虚线	中粗	— — — — —	$0.7b$	1. 建筑构造详图及建筑构配件不可见的轮廓线 2. 平面图中的起重机（吊车）轮廓线 3. 拟建、扩建建筑物轮廓线
	中	— — — — —	$0.5b$	投影线、小于$0.5b$的不可见轮廓线
	细	— — — — —	$0.25b$	图例填充线、家具线等
单点长画线	粗	—‧—‧—‧—	b	起重机（吊车）轨道线
	细	—‧—‧—‧—	$0.25b$	中心线、对称线、定位轴线
折断线	细	——／\———	$0.25b$	部分省略表示时的断开界线
波浪线	细	∿∿∿	$0.25b$	部分省略表示时的断开界线，曲线形构件间断开界线构造层次的断开界线

注：地平线宽可用$1.4b$。

6. 建筑结构制图图线

建筑结构专业制图应采用表1-14所示的图线。

表1-14　建筑结构制图图线

名称		线型	线宽	一般用途
实线	粗	——————	b	螺栓、钢筋线、结构平面图中的单线结构构件线、钢木支撑及系杆线，图名下横线、剖切线
	中粗	——————	$0.7b$	结构平面图及详图中剖到或可见的墙身轮廓线、基础轮廓线、钢、木结构轮廓线、钢筋线

（续）

名称		线型	线宽	一般用途
实线	中		0.5b	结构平面图及详图中剖到或可见的墙身轮廓线、基础轮廓线、可见的钢筋混凝土构件轮廓线、钢筋线
	细		0.25b	标注引出线,标高符号线、索引符号线、尺寸线
虚线	粗		b	不可见的钢筋线、螺栓线、结构平面图中不可见的单线结构构件线及钢、木支撑线
	中粗		0.7b	结构平面图中的不可见构件、墙身轮廓线及不可见钢、木结构构件线,不可见的钢筋线
	中		0.5b	结构平面图中的不可见构件、墙身轮廓线及不可见钢、木结构构件线,不可见的钢筋线
	细		0.25b	基础平面图中的管沟轮廓线、不可见的钢筋混凝土构件轮廓线
单点长画线	粗		b	柱间支撑、垂直支撑、设备基础轴线图中的中心线
	细		0.25b	定位轴线、对称线、中心线、重心线
双点长画线	粗		b	预应力钢筋线
	细		0.25b	原有结构轮廓线
折断线			0.25b	断开界线
波浪线			0.25b	断开界线

同一张图纸内相同比例的各图样，应选用相同的线宽组。相互平行的图线，其间隙不宜小于其中的粗线宽度，且不宜小于 0.7mm。虚线、单点长画线或双点长画线的线段长度和间隔，宜各自相等。单点长画线或双点长画线，当在较小图形中绘制有困难时，可用实线代替。单点长画线或双点长画线的两端，不应是点。点画线与点画线交接或点画线与其他图线交接时，应是线段交接。虚线与虚线交接或虚线与其他图线交接时，应是线段交接。虚线为实线的延长线时，不得与实线连接。图线不得与文字、数字或符号重叠、混淆，不可避免时，应首先保证文字等的清晰。

实践技能3　比例的表示方法与要求

比例的符号为"："，比例应以阿拉伯数字表示，如1:1、1:2、1:100等。比例宜注写在图名的右侧，字的基准线应取平；比例的字高宜比图名的字高小一号或两号，如图 1-52 所示。

图样的比例，应为图形与实物相对应的线性尺寸之比。例如 1:100 就是用图上 1m 的长度表示房屋实际长度 100m。比例的大小是指比值的大小，如 1:50 大于 1:100。建筑工程中大都用缩小比例。

平面图 1:100 ⑥ 1:20

图 1-52 比例的注写

1. 常用绘图比例

常用的绘图比例，应根据图样的作用与被绘对象的复杂程度进行选用，常用绘图比例见表 1-15，并应优先用表中常用比例进行绘图。

表 1-15 绘图所用的比例

常用比例	1:1、1:2、1:5、1:10、1:20、1:30、1:50、1:100、1:150、1:200、1:500、1:1000、1:2000
可用比例	1:3、1:4、1:6、1:15、1:25、1:40、1:60、1:80、1:250、1:300、1:400、1:600、1:5000、1:10000、1:20000、1:50000、1:100000、1:200000

2. 总图制图比例

总图制图采用的比例，应符合表 1-16 的规定。

表 1-16 总图制图比例

图 名	比 例
现状图	1:500、1:1000、1:2000
地理交通位置图	1:25 000 ~ 1:200000
总体规划、总体布置、区域位置图	1:2000、1:5000、1:10000、1:25000、1:50 000
总平面图、竖向布置图、管线综合图、土方图、铁路、道路平面图	1:300、1:500、1:1000、1:2000
场地园林景观总平面图、场地园林景观竖向布置图、种植总平面图	1:300、1:500、1:1000
铁路、道路纵断面图	垂直:1:100、1:200、1:500； 水平:1:1000、1:2000、1:5000
铁路、道路横断面图	1:20、1:50、1:100、1:200
场地断面图	1:100、1:200、1:500、1:1 000
详图	1:1、1:2、1:5、1:10、1:20、1:50、1:100、1:200

3. 建筑制图比例

建筑专业、室内设计专业制图选用的比例，宜符合表 1-17 的规定。

表 1-17 建筑制图比例

图 名	比 例
建筑物或构筑物的平面图、立面图、剖面图	1:50、1:100、1:150、1:200、1:300
建筑物或构筑物的局部放大图	1:10、1:20、1:25、1:30、1:50
配件及构造详图	1:1、1:2、1:5、1:10、1:15、1:20、1:25、1:30、1:50

4. 建筑结构制图比例

绘图时根据图样的用途，被绘物体的复杂程度，应选用表1-18中的常用比例，特殊情况下也可选用可用比例。

表1-18　建筑结构制图比例

图　　名	常用比例	可用比例
结构平面图 基础平面图	1:50,1:100,1:150	1:60,1:20
圈梁平面图、总图中 管沟、地下设施等	1:200、1:500	1:300
详图	1:10,1:20,1:50	1:5,1:30,1:25

一般情况下，一个图样应选用一种比例根据专业制图需要，同一图样可选用两种比例；特殊情况下也可自选比例，这时除应注出绘图比例外，还必须在适当位置绘制出相应的比例尺。在总图制图中，铁路、道路；土方等的纵断面图，可在水平方向和垂直方向选用不同比例。在建筑结构制图中，当构件的纵、横向断面尺寸相差悬殊时，可在同一详图中的纵、横向选用不同的比例绘制；轴线尺寸与构件尺寸也可选用不同的比例绘制。在同一张图纸中，相同比例的各图样，应选用相同的线宽组。

实践技能4　尺寸标注方法与要求

1. 尺寸的组成与分类

图样上的尺寸，包括尺寸界线、尺寸线、尺寸起止符号和尺寸数字，如图1-53。

尺寸分为总尺寸、定位尺寸、细部尺寸三种。绘图时，应根据设计深度和图纸用途确定所需注写的尺寸。

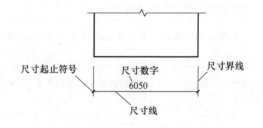

图1-53　尺寸的组成

2. 建筑制图尺寸标注

楼地面、地下层地面、阳台、平台、檐口、屋脊、女儿墙、台阶等处的高度尺寸及标高，宜按表1-19规定注写。

表1-19　楼地面、地下层地面、阳台等项目的尺寸标高

序号	具体规定
1	平面图及其详图注写完成面标高
2	立面图、剖面图及其详图注写完成面标高及高度方向的尺寸
3	其余部分注写毛面尺寸及标高
4	标注建筑平面图各部位的定位尺寸时,注写与其最邻近的轴线间的尺寸;标注建筑剖面各部位的定位尺寸时,注写其所在层次内的尺寸
5	设计图中连续重复的构配件等,当不易标明定位尺寸时,可在总尺寸的控制下,定位尺寸不用数值而用"均分"或"EQ"字样表示,如图1-54所示

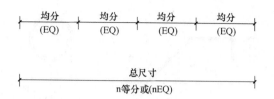

图1-54　均分尺寸示例

相邻的立面图或剖面图，宜绘制在同一水平线上；图内相互有关的尺寸及标高，宜标注在同一竖线上，如图1-55所示。

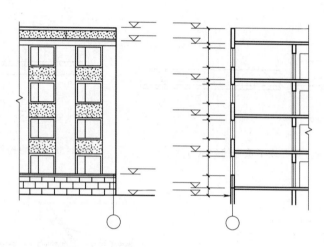

图1-55　相邻立面图、剖面图的位置关系

3. 建筑结构构件尺寸标注

1）钢筋、钢丝束及钢筋网片应按表1-20规定标注。

表1-20　钢筋、钢丝束及钢筋网片标注

序号	具 体 规 定
1	钢筋、钢丝束的说明应给出钢筋的代号、直径、数量、间距、编号及所在位置，其说明应沿钢筋的长度标注或标注在相关钢筋的引出线上
2	钢筋网片的编号应标注在对角线上。网片的数量应与网片的编号标注在一起
3	简单的构件、钢筋种类较少可不编号
4	钢筋、杆件等编号的直径宜采用5～6mm的细实线圆表示，其编号应采用阿拉伯数字按顺序编写

2）构件配筋图中箍筋的长度尺寸，应指箍筋的里皮尺寸。弯起钢筋的高度尺寸应指钢筋的外皮尺寸（图1-56）。

3）两构件的两条很近的重心线，应在交汇处将其各自向外错开（图1-57）。

4）弯曲构件的尺寸应沿其弧度的曲线标注弧的轴线长度（图1-58）。

5）切割的板材，应标注各线段的长度及位置（图1-59）。

6）不等边角钢的构件，必须标注出角钢一肢的尺寸（图1-60）。

7）节点尺寸，应注明节点板的尺寸和各杆件螺栓孔中心或中心距，以及杆件端部至几

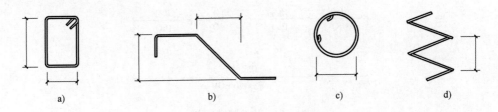

图 1-56　钢箍尺寸标注法

a) 箍筋尺寸标注图　b) 弯起钢筋尺寸标注图　c) 环型钢筋尺寸标注图　d) 螺旋钢筋尺寸标注图

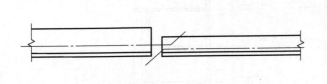

图 1-57　两构件重心线不重合的表示方法

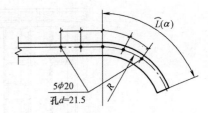

图 1-58　弯曲构件尺寸的标注方法

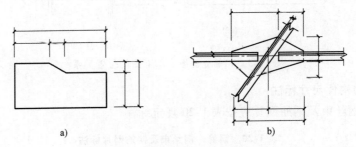

图 1-59　切割板材尺寸的标注方法

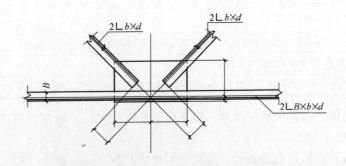

图 1-60　节点尺寸及不等边角钢的标注方法

何中心线交点的距离（图 1-60、图 1-61）。

8）双型钢组合截面的构件，应注明缀板的数量及尺寸（图 1-62）。引出横线上方标注缀板的数量及缀板的宽度、厚度，引出横线下方标注缀板的长度尺寸。

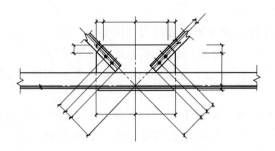

图 1-61　节点尺寸的标注方法

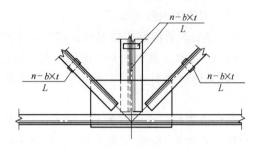

图 1-62　缀板的标注方法

9）非焊接的节点板，应注明节点板的尺寸和螺栓孔中心与几何中心线交点的距离（图1-63）。

10）桁架式结构的几何尺寸图可用单线图表示。杆件的轴线长度尺寸应标注在构件的上方（图1-64）。

11）在杆件布置和受力均对称的桁架单线图中，若需要时可在桁架的左半部分标注杆件的几何轴线尺寸，右半部分标注杆件的内力值和反力值；非对称的桁架单线图，可在上方标注杆件的几何轴线尺寸，下方标注杆件的内力值和反力值。竖杆的几何轴线尺寸可标注在左侧，内力值标注在右侧。

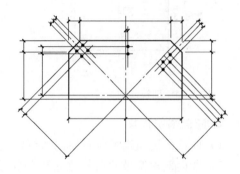

图 1-63　非焊接节点板尺寸的标注方法

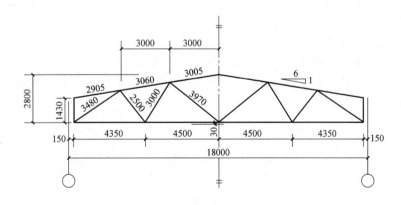

图 1-64　对称桁架几何尺寸标注方法

实践技能5　建筑制图符号表示方法及其规定

1. 剖切符号

1）剖视的剖切符号应由剖切位置线及投射方向线组成，均应以粗实线绘制。绘制时，剖视的剖切符号不应与其他图线相接触。

2）剖视剖切符号的编号宜采用阿拉伯数字，按顺序由左至右、由下至上连续编排，并应注写在剖视方向线的端部。

3）需要转折的剖切位置线，应在转角的外侧加注与该符号相同的编号。

4）建（构）筑物剖面图的剖切符号宜注在±0.000标高的平面图或首层平面图上。

5）局部剖面图（不含首层）的剖切符号应注在包含剖切部位的最下面一层的平面图上。

剖切位置线的长度宜为6～10mm；剖视方向线应垂直于剖切位置线，长度应短于剖切位置线，宜为4～6mm（图1-65）。也可采用国际统一和常用的剖视方法，如图1-66所示。

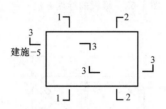

图1-65　剖视的剖切符号（一）

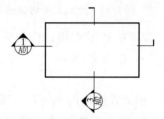

图1-66　剖视的剖切符号（二）

2. 断面剖切符号

1）断面的剖切符号应只用剖切位置线表示，并应以粗实线绘制，长度宜为6～10mm。

2）断面剖切符号的编号宜采用阿拉伯数字，按顺序连续编排，并应注写在剖切位置线的一侧；编号所在的一侧应为该断面的剖视方向（图1-67）。

3）剖面图或断面图，如与被剖切图样不在同一张图内，应在剖切位置线的另一侧注明其所在图纸的编号，也可以在图上集中说明。

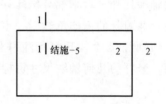

图1-67　断面剖切符号

3. 索引符号与详图符号

图样中的某一局部或构件，如需另见详图，应以索引符号索引（图1-68）。索引符号是由直径8～10mm的圆和水平直径组成，圆及水平直径均应以细实线绘制。

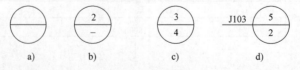

图1-68　索引符号

索引详图的相关规定如下：

1）索引出的详图，如与被索引的详图同在一张图纸内，应在索引符号的上半圆中用阿拉伯数字注明该详图的编号，并在下半圆中间画一段水平细实线（图1-68b）。

2）索引出的详图，如与被索引的详图不在同一张图纸内，应在索引符号的上半圆中用阿拉伯数字注明该详图的编号，在索引符号的下半圆中用阿拉伯数字注明该详图所在图纸的编号（图1-68c）。数字较多时，可加文字标注。

3）索引出的详图，如采用标准图，应在索引符号水平直径的延长线上加注该标准图册的编号（图1-68d）。

索引符号如用于索引剖视详图，应在被剖切的部位绘制剖切位置线，并以引出线引出索引符号，引出线所在的一侧应为投射方向。索引符号的编写如图1-69所示。

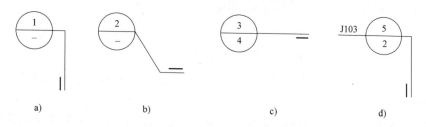

图1-69　用于索引剖面详图的索引符号

零件、钢筋、杆件、设备等的编号，以直径为 5～6mm（同一图样应保持一致）的细实线圆表示，其编号应用阿拉伯数字按顺序编写（图1-70）。消火栓、配电箱、管井等的索引符号，直径宜为 4～6mm。

详图的位置和编号，应以详图符号表示。详图符号的圆应以直径为 14mm 粗实线绘制。详图应按表1-21 中的规定编号。

⑤

图1-70　零件、钢筋等的编号

表1-21　详图的位置和编号要求

序号	具 体 要 求
1	详图与被索引的图样同在一张图纸内时,应在详图符号内用阿拉伯数字注明详图的编号(图1-71)。  ⑤ 图1-71　与被索引图样同在一张图纸内的详图符号
2	详图与被索引的图样不在同一张图纸内,应用细实线在详图符号内画一水平直线,在上半圆中注明详图编号,在下半圆中注明被索引的图纸的编号(图1-72)。 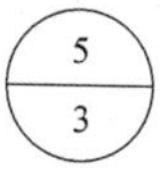 ⑤/③ 图1-72　与被索引图样不在同一张图纸内的详图符号

4. 引出线

1）引出线应以细实线绘制，宜采用水平方向的直线、与水平方向成30°、45°、60°、90°的直线，或经上述角度再折为水平线。文字说明宜注写在水平线的上方（图1-73a），也可注写在水平线的端部（图1-73b）。索引详图的引出线，应对准索引符号的圆心（图1-73c）。

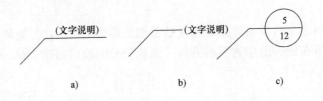

图 1-73 引出线

2）同时引出几个相同部分的引出线，宜互相平行（图 1-74a），也可画成集中于一点的放射线（图 1-74b）。

3）多层构造或多层管道共用引出线，应通过被引出的各层，并用圆点示意对应各层次。文字说明宜注写在水平线的上方，或注写在水平线的端部，说明的顺序应由上至下，并应与被说明的层次相互一致；如层次为横向排序，则由上至下的说明顺序应与由左至右的层次相互一致（图 1-75）。

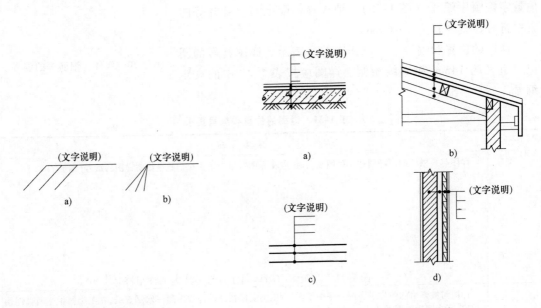

图 1-74 共用引出线   图 1-75 多层共用引出线

5. 其他符号

1）对称符号由对称线和两端的两对平行线组成。对称线用细单点长画线绘制；平行线用细实线绘制，其长度宜为 6～10mm，每对的间距宜为 2～3mm；对称线垂直平分于两对平行线，两端超出平行线宜为 2～3mm（图 1-76）。

2）连接符号应以折断线表示需连接的部位。两部位相距过远时，折断线两端靠图样一侧应标注大写拉丁字母表示连接编号。两个被连接的图样必须用相同的字母编号（图 1-77）。

3）指北针的形状宜如图 1-78 所示，其圆的直径宜为 24mm，用细实线绘制；指针尾部的宽度宜为 3mm，指针头部应注"北"或"N"字。需用较大直径绘制指北针时，指针尾部宽度宜为直径的 1/8。

4）对图纸中局部变更部分宜采用云线，并宜注明修改版次（图 1-79）。

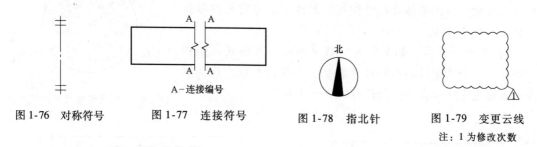

图 1-76　对称符号　　　　图 1-77　连接符号　　　　图 1-78　指北针　　　　图 1-79　变更云线

注：1 为修改次数

建筑制图中，指北针应绘制在建筑物 ±0.000 标高的平面图上，并放在明显位置，所指的方向应与总图一致。

实例提示

尺寸的简化标注

1）杆件或管线的长度，在单线图（桁架简图、钢筋简图、管线简图）上，可直接将尺寸数字沿杆件或管线的一侧注写（图 1-80）。

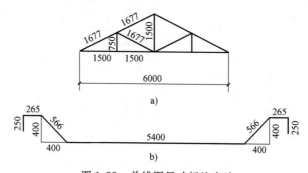

图 1-80　单线图尺寸标注方法

a）桁架尺寸标注方法　b）管线尺寸标注方法

2）连续排列的等长尺寸，可用"等长尺寸 × 个数 = 总长"（图 1-81a）或"等分 × 个数 = 总长"（图 1-81b）的形式标注。

3）构配件内的构造因素（如孔、槽等）如相同，可仅标注其中一个要素的尺寸（图 1-82）。

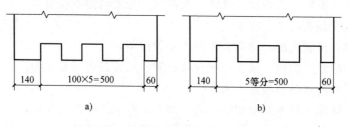

图 1-81　等长尺寸简化标注方法

4）对称构配件采用对称省略画法时，该对称构配件的尺寸线应略超过对称符号，仅在尺寸线的一端画尺寸起止符号，尺寸数字应按整体全尺寸注写，其注写位置宜与对称符号对齐（图1-83）。

5）两个构配件，如个别尺寸数字不同，可在同一图样中将其中一个构配件的不同尺寸数字注写在括号内，该构配件的名称也应注写在相应的括号内（图1-84）。

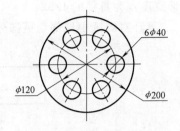

图1-82　相同要素尺寸标注方法

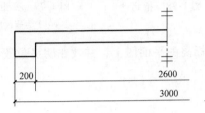

图1-83　对称构件尺寸标注方法

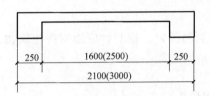

图1-84　相似构件尺寸标注方法

6）数个构配件，如仅某些尺寸不同，这些有变化的尺寸数字，可用拉丁字母注写在同一图样中，另列表格写明其具体尺寸（图1-85）。

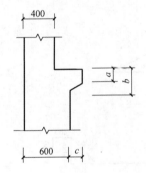

构件编号	a	b	c
Z-1	200	200	200
Z-2	250	450	200
Z-3	200	450	250

图1-85　相似构配件尺寸表格式标注方法

小经验

简述砖瓦工应掌握的审图要点？

答：1）审图过程为：基础→墙身→屋面→构造→细部。

2）先看图纸说明是否齐全，轴线、标高尺寸是否清楚及吻合。

3）节点大样是否齐全、清楚。

4）门窗洞口位置大小、标高有无出入是否清楚。

5）本工种应预留的槽、洞及预埋件的位置、尺寸是否清楚正确。

6）使用材料的规格品种是否满足。

7）有无特殊施工技术要求和新工艺，技术上有无困难，能否保证安全生产。

8）本工种与其他工种特别是与水电安装之间是否有矛盾。

第 2 章

常用砌筑材料及工具设备

必备知识点

必备知识点1 砌筑用砖

1. 烧结砖

（1）烧结普通砖 烧结普通砖根据抗压强度分为 MU30、MU25、MU20、MU15、MU10 五个强度等级，见表 2-1。其外形为直角六面体，其公称尺寸为：长 240mm，宽 115mm，高 53mm。尺寸允许偏差见表 2-2，外观质量允许偏差见表2-3。当砌体灰缝厚变为 10mm 时，组砌成的墙体即 4 块砖长等于 8 块砖宽，也等于 16 块砖厚，等于 1m 长的规律。标准砖各个面的叫法如图 2-1 所示。

烧结普通砖按主要原材料分黏土砖、页岩砖、煤矸石砖和粉煤灰砖。黏土砖每块砖重，干燥时约为 2.5kg，吸水后约为 3kg。1m³ 体积的砖约重 1600 ~ 1800kg。

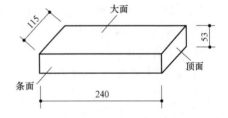

图 2-1　烧结普通砖（黏土砖）

表 2-1　烧结普通砖强度等级　　　　　　　　（单位：mm）

强度等级	抗强度平均值	变异系数 $\delta \leqslant 0.21$	变异系数 $\delta > 0.21$
		强度标准值 $f_k \geqslant$	单块最小抗压强度 $f_{min} \geqslant$
MU30	30.0	22.0	25.0
MU25	25.0	18.0	22.0
MU20	20.0	14.0	16.0
MU15	15.0	10.0	12.0
MU10	10.0	6.5	7.5

表 2-2　烧结普通尺寸允许偏差　　　　　　　　（单位：mm）

公称尺寸	优等品		一等品		合格品	
	样本平均偏差	样本极差≤	样本平均偏差	样本极差≤	样本平均偏差	样本极差≤
240	±2.0	6	±2.5	7	±3.0	8
115	±1.5	5	±2.0	6	±2.5	7
53	±1.5	4	±1.6	5	±2.0	6

表 2-3　烧结普通砖外观质量允许偏差　　　　　　（单位：mm）

项　目		优等品	一等品	合格品
两条面高度差　　　　　　　≤		2	3	4
弯曲　　　　　　　　　　　≤		2	3	4
杂质凸出高度　　　　　　　≤		2	3	4
缺棱掉角的三个破坏尺寸　　不得同时大于		5	20	30
裂纹长度 ≤	a. 大面上宽度方向及其延伸至条面的长度	30	60	80
	b. 大面上长度方向及其延伸至顶面的长度或条顶面上水平裂纹的长度	50	80	100
完整面　　　　　　　　　　不得少于		二条面和二顶面	一条面和一顶面	
颜色		基本一致		

注：1. 为装饰而施加的色差、凹凸纹、拉毛、压花等不算作缺陷。
　　2. 凡有下列缺陷之一者，不得称为完整面。
　　　1）缺损在条面或顶面上造成的破坏面尺寸同时大于 10mm×10mm。
　　　2）条面或顶面上裂纹宽度大于 1mm，其长度超过 30mm。
　　　3）压陷、粘底、焦花在条面和顶面的凹陷凸出超过 2mm，区域尺寸同时大于 10mm×10mm。

（2）烧结空心砖和多孔砖　为了节约土地资源，减少侵占耕地，减轻墙体、自重以及达到更好的保温、隔热、隔声等效果，目前在房屋建筑中大量采用空心砖（空心砌块）和多孔砖（多孔砌块）。

1）烧结多孔砖（多孔砌块）。烧结多孔砖及多孔砌块的外观如图 2-2 所示。砖规格尺寸（mm）：290、240、190、180、140、115、90。砌块规格尺寸（mm）：490、440、390mm、340、290、240、190、180、140、115、90。其他规格尺寸由供需双方协商确定。烧结多孔砖及多孔砌块的孔型孔结构及孔洞率见表 2-4，尺寸允许偏差见表 2-5，外观质量见表 2-6，强度等级见表 2-7。

2）烧结空心砖（空心砌块）。烧结空心砖及空心砌块如图 2-3 所示，其长度、宽度、高度尺寸应符合下列要求：

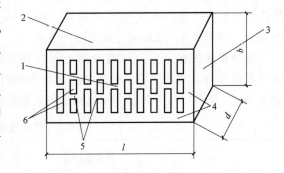

图 2-2　烧结多孔砖及多孔砌块
1—大面（坐浆面）　2—条面　3—顶面
4—外壁　5—肋　6—孔洞
l—长度　b—宽度　d—高度

长度规格尺寸（mm）：390、290、240、190、180（175）、140。
宽度规格尺寸（mm）：190、180（175）、140、115。
高度规格尺寸（mm）：180（175）、140、115、90。
其他规格尺寸由供需双方协商确定。
烧结空心砖及空心砌块的孔洞排列及其结构见表 2-8，尺寸允许偏差见表 2-9，外观质量见表 2-10，强度等级见表 2-11。

2. 硅酸盐类砖
硅酸盐类砖的种类及其制作方法见表 2-12。

表2-4 烧结多孔砖及多孔砌块的孔型孔结构及孔洞率

孔型	孔洞尺寸/mm		最小外壁 /mm	最小肋厚 /mm	孔洞率(%)		孔洞排列
	孔宽度 尺寸	孔长度 尺寸			砖	砌块	
矩形条孔 或矩形孔	≤13	≤40	≥12	≥5	≥28	≥33	1. 所有孔宽应相等。孔采用单向或双向交错排列 2. 孔洞排列上下、左右应对称，分布均匀，手抓孔的长度方向尺寸必须平行于砖的条面。

注：1. 矩形孔的孔长大于或等于3倍的孔宽时，为矩形条孔。
2. 孔四个角应做成过渡圆角，不得做成直尖角。
3. 如设有砌筑砂浆槽，则砌筑砂浆槽不计算在孔洞率内。
4. 规格大的砖和砌块应设置手抓孔，手抓孔尺寸为（30~40）mm×（75~85）mm。

表2-5 烧结多孔砖及多孔砌块的尺寸允许偏差 （单位：mm）

尺寸	样本平均偏差	样本极差≤
>400	±3.0	10.0
300~400	±2.5	9.0
200~300	±2.5	8.0
100~200	±2.0	7.0
<100	±1.5	6.0

表2-6 烧结多孔砖及多孔砌块的外观质量 （单位：mm）

项 目		指标
1. 完整面	不得少于	一条面和一顶面
2. 缺棱掉角的三个破坏尺寸	不得同时大于	30
3. 裂纹长度		
a)大面(有孔面)上深入孔壁15mm以上宽度方向及其延伸到条面的长度	不大于	80
b)大面(有孔面)上深入孔壁15mm以上长度方向及其延伸到顶面的长度	不大于	100
c)条顶面上的水平裂纹	不大于	100
4. 杂质在砖或砌块面上造成的凸出高度	不大于	5

注：凡有下列缺陷之一者不能称为完整面：
1）缺损在条面或顶面上造成的破坏面尺寸同时大于20mm×30mm。
2）条面或顶面上裂纹宽度大于1mm，其长度超过70mm。
3）压陷、焦花、黏底在条面或顶面上的凹陷或凸出超过2mm，区域最大投影尺寸同时大于20mm×30mm。

表2-7 烧结多孔砖及多孔砌块的强度等级 （单位：MPa）

强度等级	抗压强度平均值$\bar{f}$≥	强度标准值f_k≥
MU30	30.0	22.0
MU25	25.0	18.0
MU20	20.0	14.0
MU15	15.0	10.0
MU10	10.0	6.5

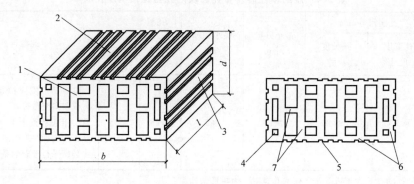

图 2-3　烧结空心砖及空心砌块

1—顶面　2—大面　3—条面　4—壁孔　5—粉刷槽　6—外壁　7—肋　l—长度　b—宽度　d—高度

表 2-8　烧结空心砖及空心砌块的孔洞排列及其结构

孔洞排列	孔洞排数/排		孔洞率(%)	孔型
	宽度方向	高度方向		
有序或交错排列	b≥200mm ≥4 b<200mm ≥3	≥2	≥40	矩形孔

表 2-9　烧结空心砖及空心砌块的尺寸允许偏差　　　（单位：mm）

尺寸	样本平均偏差	样本极差≤
>300	±3.0	7.0
200~300	±2.5	6.0
100~200	±2.0	5.0
<100	±1.7	4.0

表 2-10　烧结空心砖及空心砌块的外观质量　　　（单位：mm）

项　　目		指标
1. 弯曲	不大于	4
2. 缺棱掉角的三个破坏尺寸	不得同时大于	30
3. 垂直度差	不大于	4
4. 未贯穿裂纹长度		
1）大面上宽度方向及其延伸到条面的长度	不大于	100
2）大面长度方向或条面上水平面方向的长度	不大于	120
5. 贯穿裂纹长度		
1）大面上宽度方向及其延伸到条面的长度	不大于	40
2）壁、肋沿长度方向及其水平方向的长度	不大于	40
6. 肋、壁内残缺长度	不大于	40
7. 完成面	不少于	一条面或一大面

注：凡有下列缺陷之一者，不能称为完整面：

　　1）缺损在大面或条面上造成的破坏面尺寸同时大于 20mm×30mm；

　　2）大面或条面上裂纹宽度大于 1mm，其长度超过 70mm；

　　3）压陷、粘底、焦花在大面上的凹陷或凸出超过 2mm，区域最大投影尺寸同时大于 20mm×30mm。

表2-11 烧结空心砖及空心砌块的强度等级 （单位：MPa）

强度等级	抗压强度		
	抗压强度平均值 $\bar{f} \geqslant$	变异系数 $\delta \leqslant 0.21$ 强度标准值 $f_k \geqslant$	变异系数 $\delta > 0.21$ 单块最小抗压强度 $f_{min} \geqslant$
MU10.0	10.0	7.0	8.0
MU7.5	7.5	5.0	5.8
MU5.0	5.0	3.5	4.0
MU3.5	3.5	2.5	2.8

表2-12 硅酸盐类砖的种类及其制作方法

种 类	主要原料	制作方法	规格
蒸压灰砂砖	石灰和砂	经坯料制备、压制成型、蒸压养护而成	长度240mm 宽度115mm 高度53mm
蒸压粉煤灰砖	粉煤灰、石灰掺加适量石膏和骨料	经坯料制备、压制成型、高压或常压蒸汽养护而成	长度240mm 宽度115mm 高度53mm
炉渣砖	煤燃烧后的残渣，加入一定数量的石灰和石膏	加水搅拌后压制成型，经蒸养而成	—
矿渣砖	水淬高炉矿渣和石灰	加水搅拌均匀，消解活化，压制成型，经蒸养而为成品	—
煤矸石砖	煤矸石	经粉磨后掺入少量黏土，压制成型，风干后送入窑内煅烧而成	—

（1）蒸压灰砂砖 蒸压灰砂砖尺寸偏差和外观质量见表2-13，强度等级见表2-14。

表2-13 蒸压灰砂砖尺寸偏差和外观质量 （单位：mm）

项 目				指标		
				优等品	一等品	合格品
尺寸允许偏差/mm	长度		L	±2	±2	±3
	宽度		B	±2		
	高度		H	±1		
缺棱掉角	个数/个		$\leqslant$	1	1	2
	最大尺寸/mm		$\leqslant$	10	15	20
	最小尺寸/mm		$\leqslant$	5	10	10
	对应高度差/mm		$\leqslant$	1	2	3
裂纹	条数/条		$\leqslant$	1	1	2
	大面上宽度方向及其延伸到条面的长度/mm		$\leqslant$	20	50	70
	大面上长度方向及其延伸到顶面上的长度或条、顶面水平裂纹的长度/mm		$\leqslant$	30	70	100

表 2-14　蒸压灰砂砖强度等级　　　　　　　　（单位：MPa）

强度等级	抗压强度		抗折强度	
	平均值≥	单块值≥	平均值≥	单块值≥
MU25	25.0	20.0	5.00	4.00
MU20	20.0	16.0	4.00	3.20
MU15	15.0	12.0	3.30	2.60
MU10	10.0	8.00	2.50	2.00

注：优等品的强度级别不得小于 MU15。

（2）蒸压粉煤灰砖　蒸压粉煤灰砖的外观质量和尺寸偏差见表 2-15，强度等级见表 2-16。

表 2-15　蒸压粉煤灰砖外观质量和尺寸偏差

项目名称			技术指标
外观质量	缺棱掉角	个数/个	≤2
		三个方向投影尺寸的最大值/mm	≤15
	裂纹	裂纹延伸的投影尺寸累计/mm	≤20
	层裂		不允许
尺寸偏差	长度/mm		+2 −1
	宽度/mm		±2
	高度/mm		+2 −1

表 2-16　蒸压粉煤灰砖强度等级　　　　　　　　（单位：MPa）

强度等级	抗压强度		抗折强度	
	平均值	单块最小值	平均值	单块最小值
MU10	≥10.0	≥8.0	≥2.5	≥2.0
MU15	≥15.0	≥12.0	≥3.7	≥3.0
MU20	≥20.0	≥16.0	≥4.0	≥3.2
MU25	≥25.0	≥20.0	≥4.5	≥3.6
MU30	≥30.0	≥24.0	≥4.8	≥3.8

（3）炉渣砖　炉渣砖外观质量见表 2-17，强度等级见表 2-18。

表 2-17　炉渣砖外观质量　　　　　　　　（单位：mm）

项目名称		合格品
弯曲		≤2.0
缺棱掉角	个数/个	≤1
	三个方向投影尺寸的最小值	≤10
完整面		不少于一条面和一顶面

（续）

项目名称	合格品
裂缝长度 a. 大面上宽度方向及其延伸到条面的长度 b. 大面上长度方向及其延伸到顶面上的长度或条、顶面水平裂纹的长度	≤30 ≤50
层裂	不允许
颜色	基本一致

表 2-18　炉渣砖强度等级　　　　　　（单位：MPa）

强度等级	抗压强度平均值 $f \geqslant$	变异系数 $\delta \leqslant 0.21$	变异系数 $\delta > 0.21$
		强度标准值 $f_k \geqslant$	单块最小抗压强度 $f_{min} \geqslant$
MU25	25.0	19.0	20.0
MU20	20.0	14.0	16.0
MU15	15.0	10.0	12.0

3. 耐火砖

耐火砖是用耐火黏土掺入熟料（燃烧并经粉碎后的黏土）后进行搅拌，压制成型、干燥后煅烧而成。主要用于耐高温的建筑部件的内衬、如炉灶、烟道等。

耐火砖按其形状分为直形和楔形两大类。标准直形砖的规格为 230mm×114mm×65mm（或 75mm），其他规格要符合《耐火砖形状尺寸　第1部分：通用砖》（GB/T 2992.1—2011）的规定。

耐火砖按其耐火程度分，分为普通型（耐火程度 1580～1770℃）和高耐火砖（耐火程度 1770～2000℃）两种。

耐火砖按化学性能分，分为酸性、碱性和中性三种。

必备知识点2　砌筑用砌块

1. 粉煤灰混凝土小型空心砌块

粉煤灰混凝土小型空心砌块尺寸允许偏差和外观质量见表2-19。

表 2-19　粉煤灰混凝土小型空心砌块尺寸允许偏差和外观质量

项目		指标
尺寸允许偏差/mm	长度	±2
	宽度	±2
	高度	±2
最小外壁厚/mm	用于承重墙体	≥30
	用于非承重墙体	≥20
肋厚/mm	用于承重墙体	≥25
	用于非承重墙体	≥15

（续）

项目		指标
缺棱掉角	个数/个	≤2
	3个方向投影的最小值/mm	≤20
裂缝延伸投影的累计尺寸/mm		≤20
弯曲/mm		≤2

2. 普通混凝土小型砌块

普通混凝土小型砌块的规格尺寸见表2-20，尺寸允许偏差见表2-21，外观质量见表2-22。

表 2-20　普通混凝土小型砌块的规格尺寸　　　　　（单位：mm）

长度	宽度	高度
390	90、120、140、190、240、290	90、140、190

注：其他规格尺寸可由工序双方协商确定。采用薄灰缝砌筑的块型，相关尺寸可作相应调整。

表 2-21　普通混凝土小型砌块的尺寸允许偏差　　　（单位：mm）

项目名称	技术指标	项目名称	技术指标
长度	±2	高度	+3、-2
宽度	±2		

注：免浆砌块的尺寸允许偏差，应由企业根据块型特点自行给出，尺寸偏差不应影响垒砌和墙片性能。

表 2-22　普通混凝土小型砌块的外观质量

项目名称			技术指标
弯曲/mm		≤	2mm
缺棱掉角	个数/个	≤	1个
	三个方向投影尺寸的最大值/mm	≤	20mm
裂纹延伸的投影尺寸累计/mm		≤	30mm

3. 蒸压加气混凝土砌块

蒸压加气混凝土砌块常用于砌筑轻质隔墙，混凝土外板墙的内衬，但是不能作为承重墙。它是以水泥、矿渣、粉煤灰、砂子为原料，加入铝粉或其他发泡引起剂作为膨胀加气剂，经过磨细、配料、浇注、切割、蒸养硬化等工序做成的一种轻质多孔材料。加气混凝土砌块吸水率高，一般可以达60%～70%，由于砌块比较疏松，抹灰时表面黏结强度较低，抹灰前要先进行表面处理。

蒸压加气混凝土砌块的规格尺寸见表2-23，尺寸允许偏差及外观见表2-24。

表 2-23　蒸压加气混凝土砌块的规格尺寸　　　　　（单位：mm）

长度 L	宽度 B	高度 H
600	100、120、125 150、180、200 240、250、300	200、240 250、300

注：如需要其他规格，可由供需双方协商解决。

表 2-24　蒸压加气混凝土砌块尺寸偏差和外观

项　　目			指标	
			优等品（A）	合格品（B）
尺寸允许偏差 /mm	长	L	±3	±4
	宽	B	±1	±2
	高	H	±1	±2
缺棱掉角	最大尺寸/mm	≤	0	30
	最小尺寸/mm	≤	0	70
	大于以上尺寸的缺棱掉角个数/个	≤	0	2
裂纹长度	贯穿一棱二面的裂纹长度不得大于裂纹所在面的裂纹方向尺寸总和的		0	1/3
	任一面上的裂纹长度不得大于裂纹方向尺寸的		0	1/2
	大于以上尺寸的裂纹条数/个	≤	0	2
爆裂、粘模和损坏深度/mm		≤	10	30
平面弯曲			不允许	
表面疏松、层裂			不允许	
表面油污			不允许	

注：表面没有裂纹、爆裂和长高度三个方向均大于 20mm 的缺棱掉角的缺陷者。

必备知识点 3　砌筑砂浆

1. 砂浆的作用及其分类

砂浆是由胶凝材料、水和砂按适当比例拌和而成。砂浆在建筑工程中是一项用量大、用途广的建筑材料，它主要用于砌筑砖结构（如基础、墙体等），也用于建筑物内外表面（墙面、地面、顶棚等）的抹面。

当砂浆硬结合后，可以均匀地传递荷载，保证砌体的整体性，由于砂浆填满了砖石间的缝隙，对房屋起到保温的作用。

石灰砂浆是由石灰膏和砂子按一定比例搅拌而成的砂浆，完全靠石灰的气硬而获得强度。

水泥砂浆是由水泥和砂子按一定比例混合搅拌而成，它可以配置强度较高的砂浆。水泥砂浆一般应用于基础、长期受水浸泡的地下室和承受较大外力的砌体。

混合砂浆一般由水泥、石灰膏、砂子拌合而成。一般用于地面以上的砌体。混合砂浆由于加入了石灰膏，改善了砂浆的和易性，操作起来比较方便，有利于砌体密实度和工效的提高。

在水泥砂浆中加入 3% ~ 5% 的防水剂即制成防水砂浆。防水砂浆应用于需要防水的砌体（如地下室墙、砖砌水池、化粪池等），也广泛用于房屋的防潮层。

一般使用水泥砂浆，也有用白灰砂浆的。其主要特点是砂子必须采用细砂或特细砂，以利于勾缝。

聚合物砂浆，它是一种掺入一定量高分子聚合物的砂浆。一般用于有特殊要求的砌筑物。

2. 砂浆的技术要求

流动性，是指砂浆稀稠程度。砂浆的流动性与砂浆的用水量、水泥用量、石灰膏用量、砂子的颗粒大小和形状、砂子的孔隙以及砂浆搅拌的时间等有关。

保水性，是指砂浆从搅拌机出料后到使用在砌体上，砂浆中的水和胶凝材料以及骨料之间分离的快慢程度。分离快的保水性差，分离慢的保水性好。保水性与砂浆的组分配合、砂子的粗细程度和密实度等有关。

强度，是砂浆的主要指标，其数值与砌体的强度有直接关系。砂浆强度是由砂浆试块的强度测定的。

水泥基预拌砌筑砂浆强度等级分为 M5、M7.5、M10、M15、M20、M25、M30；水泥混合砂浆的强度等级可分为 M5、M7.5、M10、M15。

3. 砌筑砂浆原材料

砌筑砂浆用原材料主要有水泥、塑化材料和砂等。

（1）水泥 常用的水泥有硅酸盐水泥、普通硅酸盐水泥（简称普通水泥）、矿渣硅酸盐水泥（简称矿渣水泥）、火山灰质硅酸盐水泥（简称火山灰质水泥）、粉煤灰硅酸盐水泥（简称粉煤灰水泥）和复合硅酸盐水泥。此外，还有特殊功能的水泥，如高强、快硬、耐酸、耐热、耐膨胀等不同性质的水泥以及装饰用的白水泥等。

水泥强度等级按规定龄期的抗压强度和抗折强度来划分，以 28 天龄期抗压强度为主要依据。根据水泥强度等级，将水泥分为 32.5、32.5R、42.5、42.5R、52.5、52.5R、62.5、62.5R 等几种。

水泥具有与水结合而硬化的特点，它不但能在空气中硬化，还能在水中硬化，并继续增长强度，因此，水泥属于水硬性胶结材料。水泥经过初凝、终凝，随后产生明显强度，并逐渐发展成坚硬的人造石，这个过程称为水泥的硬化。

水泥属于水硬材料，必须妥善保管，不得淋雨受潮。贮存时间一般不宜超过 3 个月。超过 3 个月的水泥（快硬硅酸盐水泥为 1 个月），必须重新取样送检，待确定强度等级后再使用。

（2）塑化材料

1）石灰膏。生石灰经过熟化，用孔洞不大于 3mm×3mm 网滤渣后，储存在石灰池内，沉淀 14d 以上。磨细生石灰粉，其熟化时间不小于 1d。经充分熟化后即成为可用的石灰膏。严禁使用脱水硬化的石灰膏。

2）电石膏。电石原属工业废料，水化后形成青灰色乳浆，经过泌水和去渣后就可使用，其作用同石灰膏。电石应进行 20min 加热至 700℃检验，无乙炔气味时方可使用。

3）粉煤灰。粉煤灰是电厂排出的废料。在砌筑砂浆中掺入一定量的粉煤灰，可以增加砂浆的和易性。粉煤灰有一定的活性，因此能节约水泥，但塑化性不如石灰膏和电石膏。

4）外加剂。外加剂在砌筑砂浆中起改善砂浆性能的作用，一般有塑化剂、抗冻剂、早强剂、防水剂等。

（3）砂 砌筑用砂宜用中砂，其中毛石砌体宜用粗砂。砂的含泥量：对水泥砂浆和强度等级不小于 M5 的水泥混合砂浆不应超过 5%；强度等级小于 M5 的水泥混合砂浆，不应超过 10%。

（4）砌筑砂浆的材料用量　砌筑砂浆中的水泥和石灰膏、电石膏等材料的用量可按表2-25选用。

表 2-25　砌筑砂浆的材料用量

砂浆种类	材料用量
水泥砂浆	≥200
水泥混合砂浆	≥350
预拌砌筑砂浆	≥200

注：1. 水泥砂浆中材料用量是指水泥用量。

　　2. 水泥混合砂浆中的材料用量是指水泥和石灰膏、电石膏的材料用量。

　　3. 预拌砌筑砂浆中的材料用量是指胶凝材料用量，包括水泥和替代水泥的粉煤灰等活性矿物掺合料。

4. 影响砂浆强度的因素

1）配合比。配合比是指砂浆中各种原料的比例组合，一般由试验室提供。配合比应严格计量，要求每种材料均经过磅秤称量才能进入搅拌机。

2）原材料。原材料的各种技术性能必须经过试验室测试检定，不合格的材料不得使用。

3）搅拌时间。砂浆必须经过充分的搅拌，使水泥、石灰膏、砂子等成为一个均匀的混合体。特别是水泥，如果搅拌不均匀，则会明显影响砂浆的强度。

5. 砌筑砂浆的拌制

砌筑砂浆的拌制应按下述要求进行：

1）原材料必须符合要求，而且具备完整的测试数据和书面材料。

2）砂浆一般采用机械搅拌，如果采用人工搅拌时，宜将石灰膏先化成石灰浆，水泥和砂子均匀后，加入石灰浆中，最后用水调整稠度，翻拌 3~4 遍，直至色泽均匀、稠度一致、没有疙瘩。

3）砂浆的配合比由试验室提供。

4）砌筑砂浆拌制以后，应及时送到作业点，要做到随拌随用，一般应在 2h 之内用完。气温低于 10℃延长至 3h，但气温达到冬期施工条件时，应按冬期施工的有关规定执行。

必备知识点4　砌筑用石材

1. 砌筑用石材的分类

毛石是由人工采用撬凿法和爆破法开采出来的不规则石块。一般要求在一个方向有较平整的面，中部厚度不小于 150mm，每块毛石重约 20~30kg。在砌筑过程中一般用于基础、挡土墙、护坡、堤坝和墙体。

粗料石亦称块石，形状比毛石整齐，具有近乎规则的六个面，是经过粗加工而得的成品。在砌筑工程中用于基础、房屋勒脚和毛石砌体的转角部位，或单独砌筑墙体。

细料石是经过选择后，再经人工打凿和琢磨而成的成品。因其加工细度的不同，可分为一细、二细等。由于已经加工，形状方正，尺寸规格，因此可用于砌筑较高级房屋的台阶、勒脚、墙体等，也可用作高级房屋饰面的镶贴。

2. 石材的技术性能

部分石材的技术性能见表2-26。

表2-26　部分石材的技术性能

石材名称	密度/(kg/m³)	抗压强度/(N/mm²)
花岗岩	2500~2700	120~250
石灰岩	1800~2600	22~140
砂岩	2400~2600	47~140

必备知识点5　手工工具

（1）瓦刀　又叫砖刀，是个人使用及保管的工具。用于摊铺砂浆、砍削砖块、打灰条。瓦刀如图2-4所示。

（2）大铲　用于铲灰、铺灰和刮浆的工具，也可以在操作中用它随时调和砂浆。大铲以桃形者居多，也有长三角形和长方形，如图2-5所示。大铲是实施"三一"（一铲灰、一块砖、一揉挤）砌筑法的关键工具。

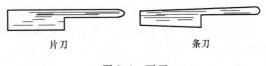

片刀　　　　　　条刀

图2-4　瓦刀

（3）刨锛　用以打砍砖块的工具，也可当作小锤与大铲配合使用，如图2-6所示。

桃形大铲　　长三角形大铲　　长方形大铲

图2-5　大铲　　　　　　　　　图2-6　刨锛

（4）钢凿　与手锤配合，用于开凿石料、异型砖等。其直径为20~28mm，长150~250mm，端部有尖、扁两种，如图2-7所示。

（5）摊灰尺　用不易变形的木材制成，操作时放在墙上用于控制灰缝及铺砂浆。摊灰尺如图2-8所示。

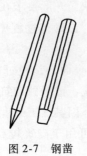

图2-7　钢凿

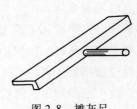

图2-8　摊灰尺

（6）溜子 又叫灰匙、勾缝刀，一般以直径 8mm 钢筋打扁制成，并装上木柄，通常用于清水墙勾缝。用 0.5～1mm 厚的薄钢板制成的较宽的溜子，则用于毛石墙的勾缝。溜子如图 2-9 所示。

（7）灰板 又叫托灰板，用不易变形的木材制成。在勾缝时，用它承托砂浆。灰板如图 2-10 所示。

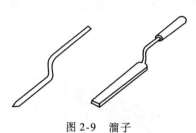

图 2-9 溜子   图 2-10 灰板

（8）抿子 用 0.8～1mm 厚的钢板制成，并铆上执手，安装木柄成为工具。可用于石墙的抹缝、勾缝。抿子如图 2-11 所示。

（9）筛子 主要用于筛砂。筛孔直径有 4mm、6mm、8mm 等数种。勾缝需用细砂时，可用铁窗纱钉在小木框上制成小筛子。筛子如图 2-12 所示。

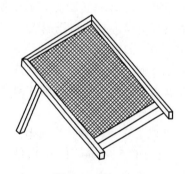

图 2-11 抿子   图 2-12 筛子

（10）砖夹 施工单位自制的夹砖工具。可用直径 16mm 钢筋锻造，一次可以夹起 4 块标准砖，用于装卸砖块。砖夹形状如图 2-13 所示。

（11）灰槽 用 1～2mm 厚的黑铁皮制成，供砖瓦工存放砂浆用。灰槽形状如图 2-14 所示。

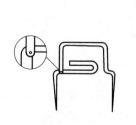

图 2-13 砖夹   图 2-14 灰槽

必备知识点6　质量检测工具

（1）钢卷尺　有1m、2m、3m及30m、50m等几种规格。钢卷尺主要用来量测轴线尺寸、位置及墙长、墙厚，还有门窗洞口的尺寸、留洞位置尺寸等。钢卷尺如图2-15所示。

（2）托线板　又称靠尺板，用于检查墙面垂直和平整度。由施工单位用木材自制，长1.2~1.5m；也有铝制商品。托线板如图2-16所示。

（3）线锤　吊挂垂直度用，主要与托线板配合使用，如图2-16所示。

图2-15　钢卷尺

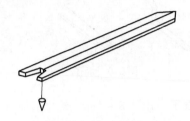

图2-16　托线板与线锤

（4）塞尺　塞尺与托线板配合使用，以测定墙、柱的垂直、平整度的偏差。塞尺上每一格表示厚度方向1mm（图2-17）。使用时，托线板一侧紧贴于墙或柱面上，由于墙或柱面本身的平整度不够，必然与托线板产生一定的缝隙，用塞尺轻轻塞进缝隙，塞进几格就表示墙面或柱面偏差的数值。

（5）水平尺　用铁和铝合金制成，中间镶嵌玻璃水准管，用来检查砌体对水平位置的偏差（图2-17）。

（6）准线　它是砌墙时拉的细线。一般使用直径为0.5~1mm的小白线、麻线、尼龙线或弦线。用于砌体砌筑时拉水平用，另外也来检查水平缝的平直度。

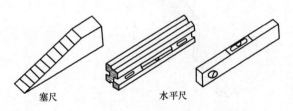

塞尺　　　　　　水平尺

图2-17　塞尺和水平尺

（7）百格网　用于检查砌体水平缝砂浆饱满度的工具。可用铁丝编制锡焊而成，也有在有机玻璃上划格而成，其规格为一块标准砖的大面尺寸。将其长度方向各分成10格，画成100个小格，故称百格网（图2-18）。

（8）方尺　用木材或金属制成边长为200mm的直角尺，有阴角和阳角两种，分别用于检查砌体转角的方整程度。方尺形状如图2-18所示。

百格网　　　阴角方尺　　　阳角方尺

图2-18　百格网和方尺

（9）龙门板　龙门板是在房屋定位放线后，砌筑时顶轴线、中心线的标准（图2-19）。施工定位时一般要求板顶面的高程即为建筑物相对标高±0.000。在板上划出轴线位置，以画"中"字示意，板顶面还要钉一根20~25mm长的钉子。当在两个相对的龙门板之间拉上准线，则该线就表示为建筑物的轴线。有的在"中"字的两侧还分别划出墙身宽度位置线和大放脚排底宽度位置线，以便于操作人员检查核对。施工中严禁碰撞和踩踏龙门板，也不允许坐人。建筑物基础施工完毕后，把轴线标高等标志引测到基础墙上后，方可拆除龙门板、桩。

（10）皮数杆　皮数杆是砌筑砌体在高度方向的基准。皮数杆分为基础用和地上用两种。基础用皮数杆比较简单，一般使用 30mm×30mm 的小木杆，由现场施工员绘制。一般在进行条形基础施工时，先在要立皮数杆的地方预埋一根小木桩，到砌筑基础墙时，将画好的皮数杆钉到小木桩上。皮数杆顶应高出防潮层的位置，杆上要画出砖皮数、地圈梁、防潮层等的位置，并标出高度和厚度。皮数杆上的砖层还要按顺序编号。画到防潮层底的标高处，砖层必须是整皮数。如果条形基础垫层表面不平，可以在一开始砌砖时就用细石混凝土找平。±0.000 以上的皮数杆，也称大皮数杆。皮数杆的设置，要根据房屋大小和平面复杂程度而定，一般要求转角处和施工段分界处设立皮数杆。当为一道通长的墙身时，皮数杆的间距要求不大于 20m。如果房屋构造比较复杂，皮数杆应该编号，并对号入座。皮数杆四个面的画法如图 2-20 所示。

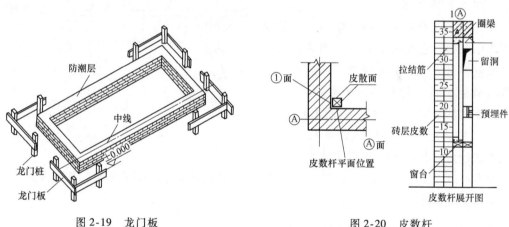

图 2-19　龙门板

图 2-20　皮数杆

必备知识点7　常用机械设备

（1）砂浆搅拌机　砂浆搅拌机是砌筑工程中的常用机械，用来制备砌筑和抹灰用的砂浆。目前常用的砂浆搅拌机有倾翻出料式的 HJ-200 型、HJ_1-200B 型和活门式的 HJ-325 型。如图 2-21 所示。

（2）井架运输机　井架运输机（图 2-22）由井架、拔杆、卷扬机、吊盘、自卸吊斗及钢丝缆风绳组成。拔杆可设在井架一角或对称角上，吊盘可设在井架内或井架外侧，吊斗则设于井架内。井架运输机具有一机多用、构造简单、装卸方便等优点，适于混凝土的垂直运输，其高度一般超出建筑物

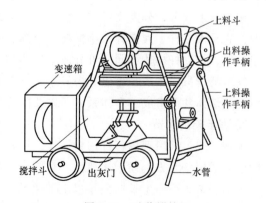

图 2-21　砂浆搅拌机

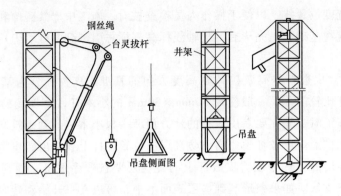

图 2-22　井架运输机

8～10m，起重高度为 25～40m。

（3）龙门架　由两根立杆和横梁构成。立杆由型钢组成，配上吊篮用于材料的垂直运输。如图 2-23 所示。

（4）附壁式升降机（施工电梯）　又叫附墙外用电梯。它是由垂直井架和导轨式外用笼式电梯组成，用于高层建筑的施工。该设备除载运工具和物料外，还可乘人上下，架设安装比较方便，操作简单，使用安全。

（5）塔式起重机　塔式起重机俗称塔吊。塔式起重机有固定式和行走式两类。塔

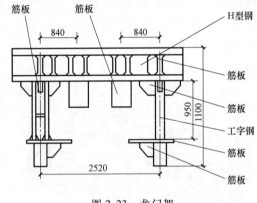

图 2-23　龙门架

吊必须由经过专职培训合格的专业人员操作，并需专门人员指挥塔吊吊装，其他人员不得随意乱动或胡乱指挥。

必备知识点 8　砌筑用脚手架

1. 脚手架的分类

按搭设位置分，分为外脚手架和里脚手架。

按使用材料分，分为木脚手架、竹脚手架和金属脚手架

按构造形式分，分为立杆式、框式、吊挂式、悬挑式、工具式等多种。立杆式使用最为普遍，它是由立杆、大横杆、小横杆、斜撑、抛撑、剪刀撑等组合而成。立杆式脚手架一般用于外墙，按立杆排数不同又可分成单排的和双排的。双排脚手架，除与墙有一定的拉结点外，整个架子自成体系，可以先搭好架子再砌墙体。单排脚手架只有一排立杆，小横杆伸入墙体，与墙体共同组成一个体系，所以要随着砌体的升高而升高。

2. 脚手架的构造

木脚手架，采用剥皮杉杆作为杆材，用 8 号镀锌铁丝绑扎搭设。因铁丝容易生锈，故此类脚手架适用于北方气候干燥地区。目前已不常见。

竹脚手架，采用生长期三年以上的毛竹（楠竹）为材料，并用竹篾绑扎搭设（也可用镀锌铁丝绑扎搭设），凡青嫩、橘黄、黑斑、虫蛀、裂纹连通两节以上的均不能使用。竹脚

手架一般都搭成双排，限高50m。

钢管脚手架，钢管一般采用外径为48～51mm、壁厚3～3.5mm的焊接钢管，连接件采用铸铁扣件。它具有塔拆灵活、安全度高、使用方便等优点，是目前建筑施工中大量采用的一种脚手架。它既可以搭成单排脚手架，又可以搭成双排或多排脚手架。

工具式脚手架，在砌筑房屋内墙或外墙时，也可以用里脚手架。里脚手架可用钢管搭设，也可以用竹木等材料搭设。工具式里脚手架一般有折叠式、支柱式、高登和平台架等。搭设时，在两个里脚手架上搁脚手板后，即可堆放材料和上人进行砌墙操作。

砌砖操作平台，它是由几榀支架组成的支承重量的框架，在框架上满铺脚手板形成一个平台，在上面可以堆放砖及砂浆进行砌筑。

实践技能

实践技能1　砂浆的技术要求

对砂浆流动性的要求，可以因砌体种类、施工时大气温度和湿度等的不同而异。当砖浇水适当而气候干热时，稠度宜采用8～10mm；当气候湿冷，或砖浇水过多及遇雨天，稠度宜采用4～5mm；如砌筑毛石、块石等吸水率小的材料时，稠度宜采用5～7mm。一般说来，石灰砂浆的保水性比较好，混合砂浆次之，水泥砂浆较差。远距离的运输也容易引起砂浆的离析。同一种砂浆，稠度大的容易离析，保水性就差。所以，在砂浆中添加微沫剂是改善保水性的有效措施。

实践技能2　脚手架使用要点

1）脚手架由专业架子工搭设，未经验收的不能使用。使用中未经专业搭设负责人同意，不得随意自搭飞跳或自行拆除某些杆件。

2）脚手架上所设的各类安全设施，如安全网、安全围护栏杆等不得任意拆除。

3）当墙身砌筑高度超过地坪1.2m时，应由架子工搭设脚手架。一层以上或4m以上高度时应设安全网。

4）砌筑时架子上的允许堆料荷载不应超过3000N/m²。堆砖不能超过3层，砖要顶头朝外码放。灰斗和其他材料应分散放置，以保证使用安全。

5）单排脚手架的横向水平杆不得在下列墙体或部位中设置脚手眼：独立或附墙砖柱；过梁上与过梁成60°的三角形范围及过梁净跨度1/2的高度范围内；宽度小于1m的窗间墙；砖砌体的门窗洞口两侧200mm和转角处450mm的范围内；石砌体的门窗洞口两侧300mm和转角处600mm范围内；梁或梁垫下及其左右各500mm范围内。

6）上下脚手架应走斜道或梯子，不准翻爬脚手架。

7）脚手架上有霜雪时，应清扫干净后方可进行操作。

8）大雨或大风后要仔细检查整个脚手架，如发现沉降、变形、偏斜应立即报告，经纠正加固后才能使用。

小经验

对脚手架的基本要求有哪些？

答：1）脚手架所使用的材料与加工质量必须符合规定要求，不得使用不合格品。

2）脚手架应坚固、稳定，能保证施工期间在各种荷载和气候条件下不变形、不倾倒、不摇晃；同时，脚手架的搭设应不会影响到墙体的安全。

3）搭设简单，搬运方便，能多次周转使用。

4）认真处理好地基，确保其具有足够大的承载力，避免脚手架发生整体或局部沉降。

5）严格控制使用荷载，保证有较大的安全储备。

6）要有可靠的安全措施。

7）规范规定的墙体或部位不得设置脚手架。

第**3**章

砖砌体工程施工技术及其要点

必备知识点

必备知识点1 单片墙的组砌方法

（1）一顺一丁组砌法（又叫满丁满条组砌法） 这是一种最常见的组砌方法。一顺一丁砌法是由一皮顺砖与一皮丁砖互相间隔砌成，上下皮之间的竖向灰缝互相错开1/4砖长。这种砌法效率较高，操作较易掌握，墙面平整易控制。缺点是对砖的规格要求较高，若规格不一致，竖向灰缝难以整齐。另外在墙的转角、丁字接头和门窗洞口等处都要砍砖，在一定程度上影响了工效。它的墙面组砌形式有两种，一种是灰缝顺砖层上下对齐称为十字缝，另一种是灰缝顺砖层上下错开1/2砖称为骑马缝。一顺一丁的两种砌法如图3-1所示。用这种砌法时，调整砖缝的方法可以采用外七分头或内七分头，但一般都用外七分头，而且要求七分头跟顺砖走。采用内七分头的砌法是在大角上先放整砖，从而可以先把准线提起来，让同一条准线上操作的其他人员先开始砌筑，以便加快整体速度，但转角处有半砖长的"花槽"出现通天缝，一定程度上影响了砌体质量。一顺一丁墙的大角砌法如图3-2～图3-4所示。

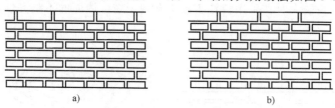

a)   b)

图 3-1 一顺一丁的两种砌法

a）十字缝 b）骑马缝

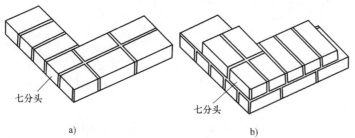

a)   b)

图 3-2 一顺一丁墙大角砌法（一砖墙）

a）单数层 b）双数层

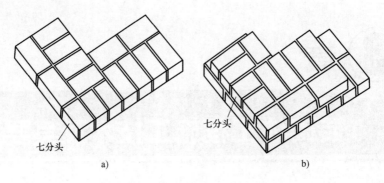

图 3-3　一顺一丁墙大角砌法（一砖半墙）
a）单数层　b）双数层

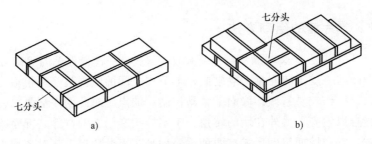

图 3-4　一顺一丁内七分头做法举例
a）单数层　b）双数层

（2）梅花丁砌法　梅花丁是一面墙的每一皮中均采用丁砖与顺砖左右间隔砌成，每一块丁砖均在上下两块顺砖长度的中心，上下皮竖缝相错1/4砖长。如图3-5所示。该砌法灰缝整齐，外表美观，结构的整体性好，但砌筑效率较低，适合于砌筑一砖或一砖半的清水墙。当砖的规格偏差较大时，采用梅花丁砌法有利于减少墙面的不整齐性。

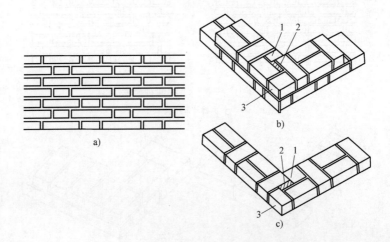

图 3-5　梅花丁的组砌方法和大角砌法
a）梅花丁砌法　b）双数层　c）单数层
1—半砖　2—1/4砖　3—七分头

（3）三顺一丁砌法 三顺一丁砌法为采用三皮全部顺砖与一皮全部丁砖间隔砌成的组砌方法。上下皮顺砖间竖缝错开1/2砖长，上下皮顺砖与丁砖间竖向灰缝错开1/4砖长。同时要求山墙与檐墙（长墙）的丁砖层不在同一皮砖上，以利于错缝和搭接。这种砌法一般适用于一砖半以上的墙。这种砌法顺砖较多，砖的两个条面中挑选一面朝外，故墙面美观，同时在墙的转角处，丁字和十字接头处和门窗洞口等处砍凿砖少，砌筑效率较高。缺点是顺砖层多，特别是砖比较潮湿时容易向外挤出，出现"游墙"，而且花槽三层同缝，砌体的整体性较差。五顺一丁砌法也有类似的缺点，因此现在极少使用。三顺一丁砌法一般以内七

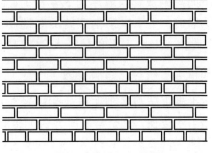

图3-6 三顺一丁砌法

分头调整错缝和搭接。三顺一丁组砌形式如图3-6所示。三顺一丁砌法的大角做法如图3-7所示。

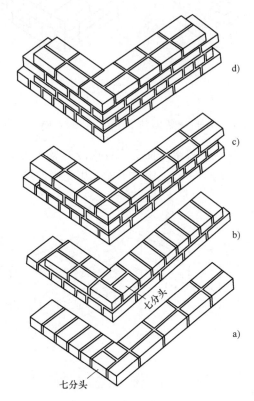

图3-7 三顺一丁的大角砌法
a）第一皮（第五皮开始循环） b）第二皮 c）第三皮 d）第四皮

（4）全顺砌法 全部采用顺砖砌筑，上下皮间竖向灰缝错开1/2砖长。这种砌法仅适用于砌半砖墙，如图3-8所示。

（5）全丁砌法 全部采用丁砖砌筑，上下皮间竖缝相互错开1/4砖长。这种砌法仅适用于砌圆弧形砌体，如烟囱、窖井等。一般采用外圆放宽竖缝，内圆缩小竖缝的办法形成圆弧。当烟囱或窖井的直径较小时，砖要砍成楔形砌筑。全丁砌法如图3-9所示。

（6）两平一侧砌法　两平一侧砌法是指一面墙连续两皮平砌砖与一皮侧立砌的顺砖上下间隔砌成。当墙厚为 3/4 砖时，平砌砖均为顺砖，上下皮平砌顺砖的竖缝相互错开 1/2 砖长，上下皮平砌顺砖与侧砌顺砖的竖缝相错 1/4 砖长；当墙厚为 $1\frac{1}{4}$ 砖时，只上下皮平砌丁砖与平砌顺砖或侧砌顺砖的竖缝相错 1/4 砖长，其余与墙厚为 3/4 砖的相同。

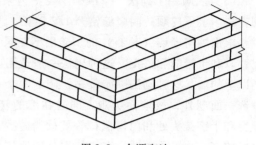

图 3-8　全顺砌法

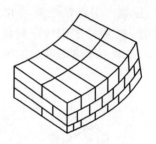

图 3-9　全丁砌法

两平一侧砌法如图 3-10 所示。两平一侧砌法只适用于 3/4 砖和 $1\frac{1}{4}$ 砖墙。砖柱一般是承重的，因此，比砖墙更要认真砌筑。要求柱面上下各皮砖的竖缝至少错开 1/4 砖长，柱心不得有通缝，并尽量少打砖也可利用 1/4 砖，绝对不能采用先砌四周砖后填心的包心砌法。

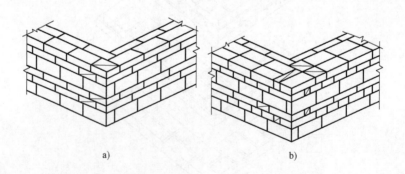

a)　　　　　　　　　　　　　　　b)

图 3-10　两平一侧砌法
a）180mm 厚砌体　b）300mm 厚砌体

必备知识点 2　矩形砖柱的组砌方法

1. 砖柱的形式

砖柱一般分为矩形、圆形、正多角形和异形等几种。矩形砖柱分为独立柱和附墙柱两类。圆形柱和正多角形柱一般为独立砖柱。异型砖柱较少，现在通常由钢筋混凝土柱代替。

2. 对砖柱的要求

对砖柱，除了与砖墙相同的要求以外，应尽量选边角整齐、规格一致的整砖砌筑。每工作班的砌筑高度不宜超过1.8m，柱面上不得留设脚手眼，如果是成排的砖柱必须拉通线砌筑，以防发生扭转和错位。柱与隔墙如不能同时砌筑时，可于柱中留出直槎，并于柱的灰缝中预埋拉结条，每道不少于2根。对于清水墙配清水柱，要求水平灰缝在同一标高上。附墙柱在砌筑时应使墙和柱同时砌筑，不能先砌墙后砌柱或先砌柱后砌墙。

3. 组砌方法

矩形柱的组砌方法如图3-11所示。图中一砖半柱的组砌方法为常用方法，虽然它在上下两皮砖间有两条1/2砖长的通缝，但砍砖少，有利于节约材料和提高工效。

矩形附墙砖柱的组砌方法要根据墙厚不同及柱的大小而定，无论哪种砌法都应使柱与墙逐皮搭接，切不可分离砌筑，搭接长度至少1/2砖长，柱根据错缝需要，可加砌3/4砖或半砖。图3-12所示为一砖墙上附有不同尺寸柱的砌法。另外，一砖半砖柱最容易犯包心砌法的毛病，应多加注意。

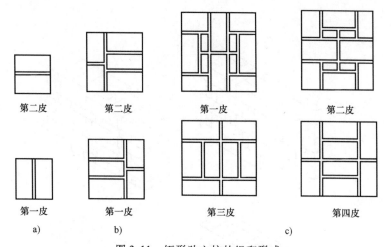

图3-11　矩形独立柱的组砌形式
a）240mm×240mm　b）365mm×365mm　c）490mm×490mm

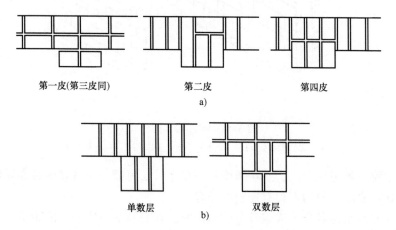

图3-12　矩形附壁柱的组砌形式
a）240mm墙附120mm×365mm砖垛　b）240mm墙附240mm×365mm砖垛

必备知识点3　空斗墙的组砌方法

空斗墙是指墙的全部或大部分采用侧立丁砖和侧立顺砖相间砌筑而成，在墙中由侧立丁砖、顺砖围成许多个空斗，所有侧砌斗砖均用整砖。

1. 空斗墙的组砌方法分类

（1）无眠空斗　无眠空斗，是全部由侧立丁砖和侧立顺砖砌成的斗砖层构成的，无平卧丁砌的眠砖层。空斗墙中的侧立丁砖也可以改成每次只砌一块侧立丁砖。无眠空斗如图3-13a所示。

（2）一眠一斗　一眠一斗，是由一皮平卧的眠砖层和一皮侧砌的斗砖层上下间隔砌成的，如图3-13b所示。

（3）一眠二斗　一眠二斗，是由一皮眠砖层和二皮连续的斗砖层相间砌成的，如图3-13c所示。

（4）一眠三斗　一眠三斗，是由一皮眠砖层和三皮连续的斗砖层相间砌成的。如图3-13d所示。

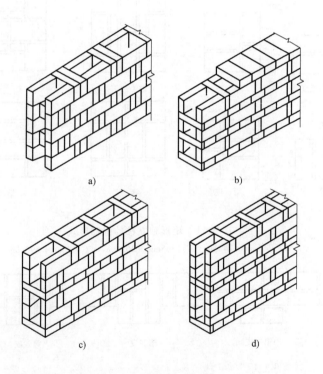

图3-13　空斗墙组砌形式

a）无眠空斗　b）一眠一斗　c）一眠二斗　d）一眠三斗

无论采用哪一种组砌方法，空斗墙中每一皮斗砖层每隔一块侧砌顺砖必须侧砌一块或两块丁砖，相邻两皮砖之间均不得有连通的竖缝。

空斗墙一般用水泥混合砂浆或石灰砂浆砌筑。在有眠空斗墙中，眠砖层与丁砖层接触处以及丁砖层与眠砖层接触处，除两端外，其余部分不应填塞砂浆。空斗墙的水平灰缝厚度和竖向灰缝宽度一般为10mm，但不应小于8mm，也不应大于12mm。空斗墙中留置的洞口，必须在砌筑时留出，严禁砌完后再行砍凿。

2. 空斗墙必须用眠砖或丁砖砌成实心砌体的部位

1）墙的转角处和交接处。

2）室内地坪以下的全部砌体。

3）室内地坪和楼板面上要求砌三皮实心砖。

4）三层房屋的外墙底层的窗台标高以下部分。

5）楼板、圈梁、搁栅和檩条等支承面下 2～4 皮砖的通长部分，且砂浆的强度等级不低于 M5。

6）梁和屋架支承处按设计要求的部分。

7）壁柱和洞口的两侧 24cm 范围内。

8）楼梯间的墙、防火墙、挑檐以及烟道和管道较多的墙及预埋件处。

9）做框架填充墙时，与框架拉结筋的连接宽度内。

10）屋檐和山墙压顶下的两皮砖部分。

必备知识点4　砖垛的组砌方法

砖垛的砌筑方法，要根据墙厚不同及垛的大小而定，无论哪种砌法都应使垛与墙身逐皮搭接，切不可分离砌筑，搭接长度至少 1/2 砖长。垛根据错缝需要，可加砌七分头砖或半砖。砖垛截面尺寸不应小于 125mm×240mm。砖垛施工时，应使墙与垛同时砌，不能先砌墙后砌垛或先砌垛后砌墙。

（1）125mm×240mm 砖垛组砌　125mm×240mm 砖垛组砌，一般可采用如图 3-14 所示的分皮砌法，砖垛的丁砖隔皮伸入砖墙内 1/2 砖长。

（2）125mm×365mm 砖垛组砌　125mm×365mm 砖垛组砌，一般可采用图 3-15 所示的分皮砌法，砖垛的丁砖隔皮伸入砖墙内 1/2 砖长，隔皮要用两块配砖及一块半砖。

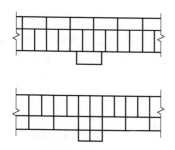

图 3-14　125mm×240mm 砖垛分皮砌法

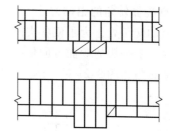

图 3-15　125mm×365mm 砖垛分皮砌法

（3）125mm×490mm 砖垛组砌　125mm×490mm 砖垛组砌，一般采用图 3-16 所示的分皮砌法，砖垛丁砖隔皮伸入砖墙内 1/2 砖长，隔皮要用两块配砖及一块半砖。

（4）240mm×240mm 砖垛组砌　240mm×240mm 砖垛组砌，一般采用图 3-17 所示的分皮砌法。砖垛丁砖隔皮伸入砖墙内 1/2 砖长，不用配砖。

（5）240mm×365mm 砖垛组砌　240mm×365mm 砖垛组砌，一般采用图 3-18 所示的分皮砌法。砖垛丁砖隔皮伸入砖墙内 1/2 砖长，隔皮要用两块配砖。砖垛内有两道长 120mm 的竖向通缝。

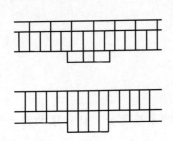

图 3-16　125mm×490mm 砖垛分皮砌法

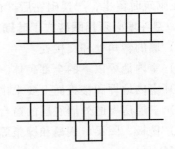

图 3-17　240mm×240mm 砖垛分皮砌法

（6）240mm×490mm 砖垛组砌　240mm×490mm 砖垛组砌，一般采用图 3-19 所示分皮砌法。砖垛丁砖隔皮伸入砖墙内 1/2 砖长，隔皮要用两块配砖及一块半砖。砖垛内有三道长 120mm 的竖向通缝。

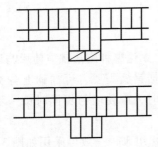

图 3-18　240mm×365mm 砖垛分皮砌法

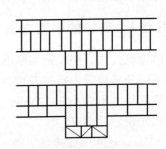

图 3-19　240mm×490mm 砖垛分皮砌法

必备知识点 5　砖砌体转角及交接处的组砌方法

1. 砖砌体转角的组砌方法

砖墙的转角处，为了使各皮间竖缝相互错开，必须在外角处砌七分头砖。当采用一顺一丁组砌时，七分头的顺面方向依次砌顺砖，丁面方向依次砌丁砖。图 3-20 所示是一顺一丁砌一砖墙砖角，图 3-21 是一顺一丁砌一砖半墙转角。

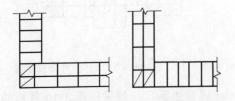

图 3-20　一砖墙转角（一顺一丁）

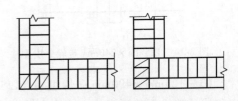

图 3-21　一砖半墙转角（一顺一丁）

当采用梅花丁组砌时，在外角仅砌一块七分头砖，七分头砖的顺面相邻砌丁砖，丁面相邻砌顺砖。图 3-22 所示是梅花丁砌一砖墙转角，图 3-23 所示是梅花丁砌一砖半墙转角。

2. 砖砌体交接处的组砌方法

在砖墙的丁字交接处，应分皮相互砌通，内角相交处竖缝应错开 1/4 砖长，并在横墙端头处加砌七分头砖。图 3-24 所示是一顺一丁砌一砖墙丁字交接处，图 3-25 所示是一顺一丁砌一砖半墙丁字交接处。

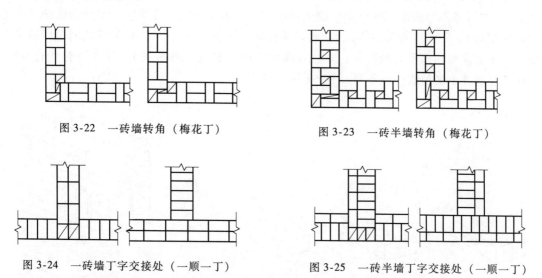

图 3-22　一砖墙转角（梅花丁）　　　　图 3-23　一砖半墙转角（梅花丁）

图 3-24　一砖墙丁字交接处（一顺一丁）　　图 3-25　一砖半墙丁字交接处（一顺一丁）

砖墙的十字交接处，应分皮相互砌通，交角处的竖缝相互错开 1/4 砖长。图 3-26 所示为一顺一丁砌一砖墙十字交接处，图 3-27 所示为一顺一丁砌一砖半墙十字交接处。

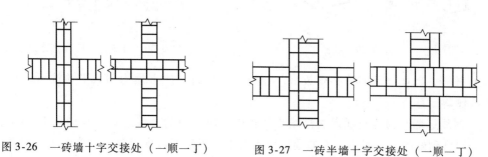

图 3-26　一砖墙十字交接处（一顺一丁）　　图 3-27　一砖半墙十字交接处（一顺一丁）

实践技能

实践技能 1　砌砖工艺流程及其施工技术要点

选砖，必须练好选砖的基本功，才能保证砌筑墙体的质量。具体做法：用手掌托砖，将砖在手掌上旋转或上下翻转，在转动中查看哪一面完整无损。有经验的砌筑工在取砖时，挑选第一块砖就选出第二块砖，做到"执一备二眼观三"，动作轻巧自如、得心应手，这样才能砌出整齐美观的墙面。

1. 砌砖工艺流程

砌砖工艺流程如图 3-28 所示。

图 3-28　砌砖工艺流程

2. 砌砖工艺技术要点

（1）砍砖　在砌筑时需要打砍加工的砖，按其尺寸不同可分为"七分头""半砖""二寸头""二寸条"，如图 3-29 所示。砌入墙内的砖，由于摆放位置不同，又分为卧砖（也称顺砖或眠砖）、陡砖（也称侧砖）、立砖以及顶砖，如图 3-30 所示。砖与砖之间的缝统称灰缝。水平方向的叫水平缝或卧缝；垂直方向的缝叫立缝（也称头缝）。在实际操作过程中，运用砖在墙体上的位置变换排列，有各种叠砌方法。

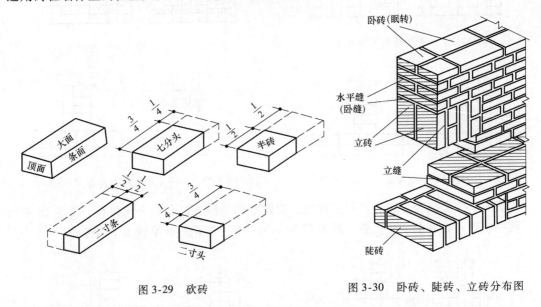

图 3-29　砍砖　　　　　图 3-30　卧砖、陡砖、立砖分布图

（2）放砖　砌在墙上的砖必须放平。往墙上按砖时，砖必须均匀水平地按下，不能高低不平或倾斜。

（3）跟线穿墙　砌砖必须跟着准线走，在砌砖时，砖的上棱边要与线约离 1mm，下棱边要与下层已砌好的砖棱对平，左右前后位置要准。当砌完每皮砖时，看墙面是否平直，有无高出、低洼、拱出或拱进准线的现象，有了偏差应及时纠正。不但要跟线，还要做到用眼"穿墙"。即从上面第一块砖往下穿看，穿到底，每层砖都要在同一平面上，如果有出入，应及时修理。

（4）自检　在砌筑中，要随时随地进行自检。一般砌三层砖用线锤吊大角看直不直，五层砖用靠尺靠一靠墙面垂直平整度。当墙砌起一步架时，要用托线板全面检查一下垂直及平整度，特别要注意墙大角要绝对垂直平整，发现有偏差应及时纠正。

（5）留脚手眼　砖墙砌到一定高度时，就需要脚手架。当使用单排立杆架子时，它的排木的一端就要支放在砖墙上。为了放置排木，砌砖时就要预留出脚手眼。一般在 1m 高处开始留，间距 1m 左右一个。脚手眼孔洞如图 3-31 所示。采用铁排木时，在砖墙上留一顶头大小孔洞即可，不必留大孔洞。脚手眼的位置不能随便乱留，必须符合脚手架相关规范的规定。

（6）留施工洞口　在施工中经常会遇到管道通过的洞口和施工用洞口。这些洞口必须按尺寸和部位进行预留。不允许砌完砖后凿墙开洞。凿墙开洞震动墙身，会影响砖的强度和整体性。对大的施工洞口，必须留在不重要的部位。如窗台下的墙可暂时不砌，作为内外通道用；或在山墙（无门窗的山墙）中部预留洞，其形式是高度不大于2m，下口宽1.2m左右，上头呈尖顶形式，这样才不会影响墙的受力。

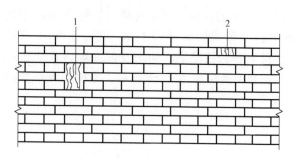

图3-31　留脚手眼
1—木排脚手眼　2—铁排木脚手眼

（7）浇砖　在常温施工时，使用的黏土砖必须在砌筑前一两天浇水浸湿，一般以水浸入砖四边1cm左右为宜。不要当时用当时浇，更不能在架子上及地槽边浇砖，以防止造成塌方或架子增加质量而沉陷。浇砖是砌好砖的重要一环。如果用干砖砌墙，砂浆中的水分会被干砖全部吸去，使砂浆失水过多。这样不易操作，也不能保证水泥硬化所需的水分，从而影响砂浆强度的增长。这对整个砌体的强度和整体性都不利。反之，如果把砖浇得过湿或当时浇砖当时砌墙，表面水还未能吸进砖内，这时砖表面水分过多，形成一层水膜，这些水在砖与砂浆黏结时，反使砂浆增加水分，使其流动性变大。这样，砖的质量往往容易把灰缝压薄，使砖面总低于挂的小线，造成操作困难，更严重的会导致砌体变形。此外，稀砂浆也容易流淌到墙面上，弄脏墙面。所以这两种情况对砌筑质量都不能起到积极作用，必须避免。浇砖还能把砖表面的粉尘、泥土冲干净，对砌筑质量有利。砌筑灰砂砖时亦可适当洒水后再砌筑。冬季施工由于浇水砖会发生冰冻，在砖表面结成冰膜，不能和砂浆很好结合，此外冬季水分蒸发量也小，所以冬季施工不要浇砖。

实践技能2　砖砌体的组砌原则

（1）砌体必须错缝　砖砌体是由一块一块的砖，利用砂浆作为填缝和黏结材料，组砌成墙体或柱子。为了使它们能共同作用、均匀受力，保证砌体的整体强度，必须错缝搭接，要求砖块最少应错缝1/4砖长，如图3-32所示。

（2）控制水平灰缝厚度　砌体的灰缝一般规定为10mm，最大不得超过12mm，最小不得小于8mm。如图3-33所示。水平灰缝如果太厚，不仅使砌体产生过大的压缩变形，还可能使砌体产生滑移，对墙体结构十分不利。而水平灰缝太薄，则不能保证砂浆的饱满度和均匀性，对墙体的黏结整体性产生不利的影响。垂直灰缝俗称头缝，太宽和太窄都会影响砌体的整体性。如果两块砖紧紧挤在一起，没有灰缝（俗称瞎缝），那就更影响砌体的整体性了。

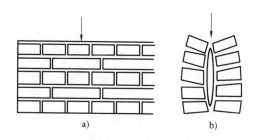

图3-32　砖砌体的错缝
a）咬合错缝（力分散传递）
b）不咬合（砌体压散）

（3）墙体之间的连接必须有整体性　要保证一幢房屋墙体的整体性，墙体与墙体的连接是至关重要的。两道相接的墙体（包括基础墙）最好同时砌筑，如果不能同时砌筑，应在先砌的墙上留出接槎（俗称留槎），后砌的墙体要镶入接槎内（俗称咬槎）。砖墙接槎质量的好坏，对整个房屋的稳定性相当重要。正常的接槎，规范规定采用两种形式，一种是斜槎，又叫"踏步槎"；另一种是直槎，又叫"马牙槎"。凡留直槎时，必须在竖向每隔500mm配置φ6钢筋（每120mm墙厚放置一根，120mm厚墙放二根）作为拉结筋，伸出及埋在墙内各500mm长。斜槎的做法如图3-34所示，直槎的做法如图3-35所示。

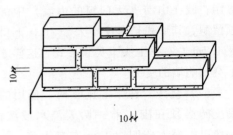

图3-33 灰缝厚度

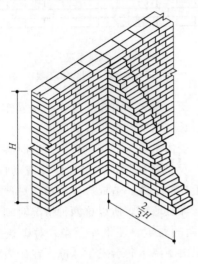

图3-34 斜槎

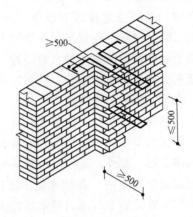

图3-35 直槎

实践技能3　瓦刀披灰操作法

1. 瓦刀披灰法的定义

瓦刀披灰法又叫满刀灰法或带刀灰法，是一种常见的砌筑方法，特别是在砌空斗墙时都采用此种方法。由于我国古典建筑多数采用空斗墙作填充墙，所以瓦刀披灰法有悠久的历史。

用瓦刀披灰法砌筑时，左手持砖右手拿瓦刀，先用瓦刀在灰斗中刮上砂浆，然后用瓦刀把砂浆正手披在砖的一侧，再反手将砂浆抹满砖的大面，并在另一侧披上砂浆。砂浆要刮布均匀，中间不要留空隙，丁头缝也要满披砂浆，然后把满披砂浆的砖块轻轻按在墙上，直到与准线相平齐为止。每皮砖砌好后，用瓦刀将挤出墙面的砂浆刮起并甩入竖向灰缝内。

2. 瓦刀披灰法的优缺点

瓦刀披灰法砌筑时，因其砂浆刮得均匀，灰缝饱满，所以砌筑的砂浆饱满度较好。但是每砌一块砖都要经过6个打灰动作，工效太低。这种方法适用于砌空斗墙、1/4砖墙、拱碹、窗台、花墙、炉灶等。由于这种方法有利于砌筑工的手法锻炼，历来被列为砌筑工入门的基本训练之一。

3. 操作方法

瓦刀披灰法适合于稠度大、黏性好的砂浆，有些地区也使用黏土砂浆和白灰砂浆。瓦刀披灰法应使用灰斗存灰，取灰时，右手提握瓦刀把，将瓦刀头伸入泥桶内，顺着灰斗靠近身边的一侧轻轻刮取，砂浆即粘在瓦刀头上，所以又叫带刀灰。这样不仅可使砂浆粘满瓦刀，而且取出的灰光滑圆润，利于披刮。瓦刀披灰法的刮灰动作如图3-36所示。

在图 3-36 中的六个动作仅仅刮了一个砖的大面，如果是黏土砂浆或白灰砂浆，在这个面上会形成四面高中间低的形貌，俗称"蟹壳灰"。

大面上灰浆打好以后，还要根据是丁砖还是顺转，打上条面或丁面的竖向灰。砖砌到墙上以后，刮取挤出的灰浆再甩入竖缝内。条面或丁面的打灰方式可参照大面的办法进行，只要大面的灰能够打好，条面和丁面也没有问题。

砌筑空斗墙时，特别要弄清灰应该打在砖的哪一面，因为砖在手中和在砌体内的位置和方向是不一样的，打灰必须弄清手中的砖砌到墙上以后是什么方位，哪几个面要打灰。空斗墙内的砖有很多地方是不需要打灰的，不能生搬硬套图 3-36 的做法。

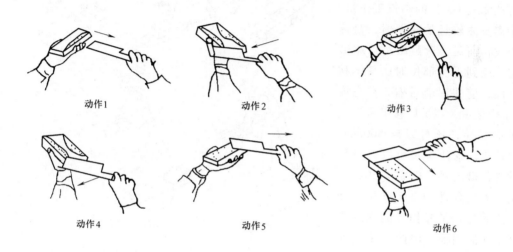

图 3-36　瓦刀披灰法的刮灰动作

实践技能 4　"三·一"砌砖法

1. 操作步骤

（1）铲灰取砖　理想的操作方法是将铲灰和取砖合为一个动作进行。先是右手利用工具勾起侧码砖的丁面，左手随之取砖，右手再铲灰。拿砖时就要看好下一块砖，以确定下一个动作的目标，这样有利于提高工效。铲灰量凭操作者的经验和技艺来确定，以一铲灰刚好能砌一块砖为准。

（2）铺灰　砌条砖铺灰采取正铲甩灰和反扣的两个动作。甩的动作应用于砌筑离身较远且工作面较低的砖墙，甩灰时握铲的手手腕挑力，将铲上的灰拉长而均匀地落在操作面上。扣的动作应用于正面对墙、操作面较高的近身砖墙，扣灰时握铲的手手臂前推，将灰条扣出。砌三七墙的里丁砖，采取扣灰刮虚尖的动作，铲灰要呈扁平状，大铲尖部的灰要少，扣出的灰要前部高后部低，随即用铲刮虚尖灰，使碰头缝灰浆挤严。砌三七墙的外丁砖时，铲灰呈扁平状，灰的厚薄要一致，由外往里平拉铺灰，采取泼的动作。平拉反腕泼灰用于侧身砌较远的外丁砖墙；平拉正腕泼灰用于砌近身正面的外丁砖墙。

（3）摆砖揉挤　灰铺好后，左手拿砖在离已砌好的砖约有 30~40mm 处开始平放，并稍稍蹭着灰面，把灰浆刮起一点到砖顶头的竖缝里，然后把砖揉一揉，顺手用大铲把挤出墙面的灰刮起来，再甩到竖缝里。揉砖时要做到上看线下看墙，做到砌好的砖下跟砖棱上跟挂线。

2. 动作分解

"三·一"砌砖法可分解为铲灰、取砖、转身、铺灰、揉挤和将余灰甩入竖缝六个动作，如图3-37所示。

3. 操作方法

操作者背向前进方向（即退着往后），斜站成丁字步，以便随着砌筑部位的变化，取砖、铲灰时身体能转动灵活。一个丁字步可能完成1m长的砌筑工作量。在砌离身体较远的砖墙时，身体重心放在前足，后足跟可以略微抬起，砌到近身部位时，身体移到后腿，前腿逐渐后缩。在完成1m工作量后，前足后移半步，人体正面对墙，还可以砌500mm，这时铲灰、砌砖脚步可以以后足为轴心稍微转动，砌完1.50m长的墙，人就移动一个工作段。这种砌法的优点是操作者的视线看着已砌好的墙面，因此便于检查墙面的平直度，并能及时纠正，但因为人斜向墙面，竖缝不易看

图3-37　"三·一"砌砖法的动作分解

准，因此，要严加注意。"三·一"砌砖法的步法如图3-38所示。

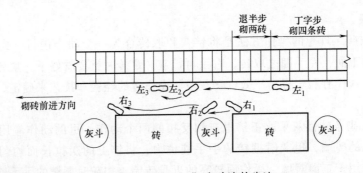

图3-38　"三·一"砌砖法的步法

4. 砌砖手法

砌砖手法如图3-39所示。

5. 操作环境布置

砖和灰斗在操作面上安放位置，应方便操作者砌筑，安放不当会打乱步法，增加砌筑中的多余动作。灰斗的放置由墙角开始，第一个灰斗布置在离大角60～80cm处，沿墙的灰斗间距为1.5m左右，灰斗之间码放两排砖，要求排放整齐。门窗洞口处可不放料，灰斗位置

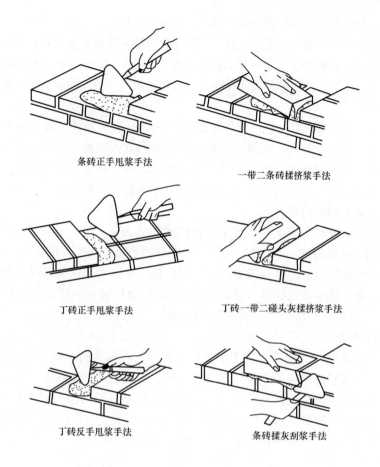

条砖正手甩浆手法

一带二条砖揉挤浆手法

丁砖正手甩浆手法

丁砖一带二碰头灰揉挤浆手法

丁砖反手甩浆手法

条砖揉灰刮浆手法

图 3-39 "三·一"砌砖法的手法

相应退出门窗口 60~80cm,材料与墙之间留出 50cm,作为操作者的工作面。砖和砂浆的运输在墙内楼面上进行。灰斗和砖的排放如图 3-40 所示。

实践技能 5 "二三八一"砌砖法

1. "二三八一"操作法的由来

"二三八一"操作法就是把砌筑工砌砖的动作过程归纳为二种步法、三种弯腰姿势、八种铺灰手法、一种挤浆动作,叫作"二三八一砌砖动作规范",简称"二三八一"操作法。

经过仔细分析,认为砌一块砖要有 17 个动作:90°弯腰→在灰斗内翻拌砂浆→选砖→拿砖→转身→移步→把砂浆扣在砌筑面上→

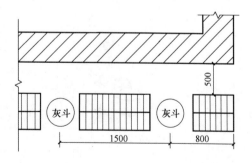

图 3-40 灰斗和砖的排放

用铲推平砂浆→刮取碰头灰→把砖放在砌筑面上→一手扶砖、一手提铲并用铲尖顶住砖的外侧揉搓→敲砖→第一次刮取灰缝中挤出的余浆→将余浆甩入碰头竖缝内→第二次敲砖→第二次刮取余浆→将余浆甩回灰斗内。

这是根据一般砌筑工的操作进行分解的。对于技术不熟练的工人和有不良习惯的操作者来说，还可能有其他多余的动作。这样一分解，发现砌一块砖实在太复杂了，而砌筑工一天要砌1000多块砖，特别容易疲劳，于是根据人体工程学的原理，对使用大铲砌砖的一系列动作进行合并，并使动作科学化，按此办法进行砌砖，不仅能提高工效，而且人也不易疲劳。

2. 两种步法

砌砖时采用"拉槽取法"，操作者背向砌砖前进方向退步砌筑。开始砌筑时，人斜站成丁字步，左足在前、右足在后，后腿紧靠灰斗。这种站立方法稳定有力，可以适应砌筑部位的远近高低变化，只要把身体的重心在前后之间变换，就可以完成砌筑任务。

后腿靠近灰斗以后，右手自然下垂，就可以方便地在灰斗中取灰。右足绕足跟稍微转动一下，又可以方便地取到砖块。

砌到近身以后，左足后撤半步，右足稍稍移动即成为并列步，操作者基本上面对墙身，又可完成50cm长的砖墙砌筑。在并列步时，靠两足的稍稍旋转来完成取灰和取砖的动作。

一段砌筑全部砌完后，左足后撤半步，右足后撤一步，第二次又站成丁字步，再继续重复前面的动作。每一次步法的循环，可以完成1.5m的墙体砌筑，所以要求操作面上灰斗的排放间距也是1.5m。这一点与"三·一"砌筑法是一样的。

3. 三种弯腰姿势

（1）侧身弯腰姿势　当操作者以丁字步的姿势铲灰和取砖时，应采取侧身弯腰的动作，利用后腿微弯、斜肩和侧身弯腰来降低身体的高度，以达到铲灰和取砖的目的。侧身弯腰时动作时间短，腰部只承担轻度的负荷。在完成铲灰取砖后，可借助伸直后腿和转身的动作，使身体重心移向前腿而转换成正弯腰（砌低矮墙身时）。由于动作连贯，由腿、肩、腰三部分形成复合的肌肉活动，从而减轻了单一弯腰的劳动强度，如图3-41d、e所示。

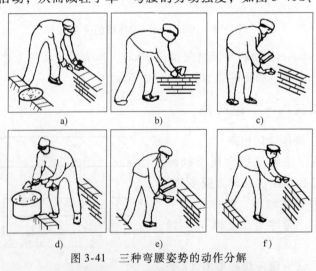

图3-41　三种弯腰姿势的动作分解

a）丁字步弯腰　b）丁字步弯腰　c）并列步正弯腰
d）侧身弯腰　e）侧身弯腰　f）丁字步弯腰

（2）丁字步弯腰　当操作者站成丁字步，并砌筑离身体较远的矮墙身时，应采用丁字步正弯腰的动作，如图3-41a、b、f所示。

（3）并列步正弯腰　丁字步正弯腰时重心在前腿，当砌到近身砖墙并改换成并列步砌筑时，操作者就采用并列步正弯腰的动作（图3-41c）。

　　"二三八一"操作法采用"拉槽砌法"，使操作者前进的方向与砌筑前进的方向相一致，避免了不必要的重复，而各种弯腰姿势根据砌筑部位的不同而进行协调的变换。"侧弯腰→丁字步弯腰→侧身弯腰→并列步弯腰"的交替变换，可以使腰部肌肉交替活动，对于减轻劳动强度，保护操作者腰部健康是有益的。三种弯腰姿势的动作分解如图3-41所示。

4. 砌条砖时的三种手法

　　（1）甩法　甩法是"三·一"砌筑法中的基本手法，适用于砌离身体部位低而远的墙体。铲取砂浆要求呈均匀的条状，当大铲提到砌筑位置时，将铲面转90°，使手心向上，同时将灰顺砖面中心甩出，使砂浆呈条状均匀落下，甩灰的动作分解如图3-42所示。

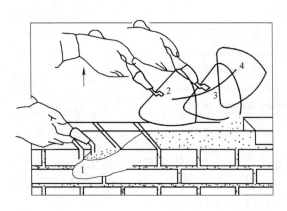

图3-42　砌条砖"甩"铺灰动作分解

　　（2）扣法　扣法适用于砌近身和较高部位的墙体。人站成并列步，铲灰时以后脚足跟为轴心转向灰斗，转过身来反铲扣出灰条，铲面的运动路线与甩法正好相反，也可以说是一种反甩法，尤其在砌低矮的近身墙时更是如此。扣灰时手心向下，利用手臂的前推力扣落砂浆，其动作形状如图3-43所示。

　　（3）泼法　泼法适用于砌近身部位及身体后部的墙体，用大铲铲取扁平状的灰条，提高到砌筑面上方，将铲面翻转，手柄在前，平行向前推进泼出灰条，其手法如图3-44所示。

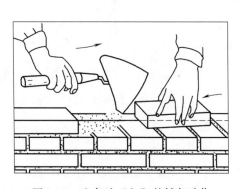

图3-43　砌条砖"扣"的铺灰动作

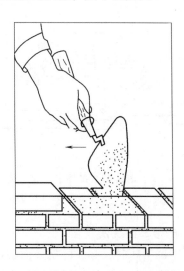

图3-44　砌条砖的"泼"的铺灰动作

5. 砌丁砖时的三种手法

（1）砌里丁砖的溜法　溜法适用砌一砖半墙的里丁砖，铲取的灰条要求呈扁平状，前部略厚，铺灰时将手臂伸过准线，使大铲边与墙边取平，采用抽铲落灰的方法，如图3-45所示。

（2）砌丁砖的扣法　铲灰条时要求做到前部略低，扣到砖面上后，灰条外口稍厚，其动作如图3-46所示。

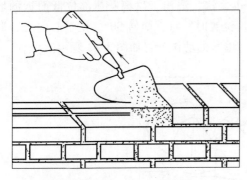 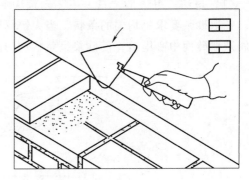

图3-45　砌里丁砖"溜"的铺灰动作　　　　图3-46　砌里丁砖"扣"的铺灰动作

（3）砌外丁砖的泼法　当砌三七墙外丁砖时可采用泼法。大铲铲取扁平状的灰条，泼灰时落点向里移一点，可以避免反面刮浆的动作。砌离身体较远的砖可以平拉反泼，砌近身处的砖采用正泼，其手法如图3-47所示。

6. 砌角砖时的溜法

砌角砖时，用大铲铲起扁平状的灰条，提送到墙角部位并与墙边取齐，然后抽铲落灰。采用这一手法可减少落地灰，如图3-48所示。

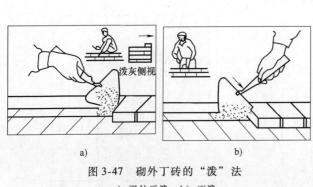 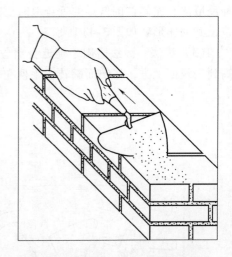

图3-47　砌外丁砖的"泼"法
a）平拉反泼　b）正泼

图3-48　砌角砖"溜"的铺灰动作

7. 一带二铺灰法

由于砌丁砖时，竖缝的挤浆面积比条砖大一倍，外口砂浆不易挤严，可以先在灰斗处将丁砖的碰头灰打上，再铲取砂浆转身铺灰砌筑，这样做就多了一次打灰动作。一带二铺灰法是将这两个动作合并起来，利用在砌筑面上铺灰时，将砖的丁头伸入落灰处接打碰头灰。这种做法铺灰后要摊一下，砂浆才可摆砖挤浆，在步法上也要作相应变换，其手法如图3-49所示。

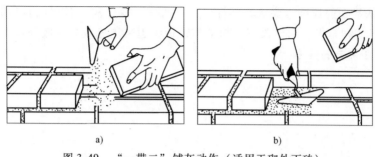

a)　　　　　　　　　　　　b)

图3-49　"一带二"铺灰动作（适用于砌外丁砖）

a）将砖的丁头接碰头灰　b）摊铺砂浆

8. 一种挤浆动作

挤浆时应将砖落在灰条2/3的长度或宽度处，将超过灰缝厚度的那部分砂浆挤入竖缝内。如果铺灰过厚，可用揉搓的办法将过多的砂浆挤出。在挤浆和揉搓时，大铲应及时接刮从灰缝中挤出的余浆，像"三·一"砌筑法一样，刮下的余浆可以甩入竖缝内，当竖缝严实时也可甩入灰斗中。如果是砌清水墙，可以用铲尖稍稍伸入平缝中刮浆，这样不仅刮了浆，而且减少了勒缝的工作量和节约了材料，挤浆和刮余浆的动作如图3-50所示。

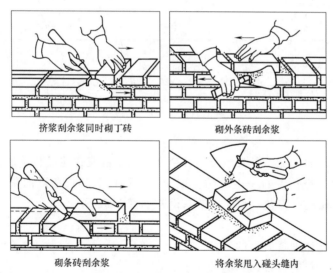

挤浆刮余浆同时砌丁砖　　　　　砌外条砖刮余浆

砌条砖刮余浆　　　　　　　将余浆甩入碰头缝内

图3-50　挤浆和刮余浆的动作

9. 实施二三八一操作法的条件

（1）工具准备　大铲是铲取灰浆的工具，砌筑时，要求大铲铲起的灰浆刚好能砌一块砖，再通过各种手法的配合才能达到预期的效果。铲面呈三角形，铲边弧线平缓，铲柄角度合适的大铲才便于使用。可以利用废带锯片根据各人的生理条件自行加工。

（2）材料准备　砖必须浇水达到合适的程度，即砖的里层吸够一定水分，而且表面阴干。一般可提前1~2天浇水，停半天后使用。吸水合适的砖，可以保持砂浆的稠度，使挤浆顺利进行。砂子一定要过筛，不然在挤浆时会因为有粗颗粒而造成挤浆困难，除了砂浆的配合比和稠度必须符合要求外，砂浆的保水性也很重要，离析的砂浆很难进行挤浆操作。

（3）操作面的布置　同"三·一"砌筑法的要求。

（4）加强基本功的训练　要认真推行"二三八一"操作法，必须培养和训练操作工人。本法对于砌筑工的初学者，由于没有习惯动作，训练起来更见效。一般经过 3 个月的训练就可达到日砌 1500 块砖的效率。

实例提示

砌砖基本功

砌筑工的基本功是贯穿整个砌筑过程的基本技能，必须进行强化训练，通过刻苦认真的训练，才能熟练掌握各种最基本的砌筑方法与技巧。

1. 取灰

操作者右手拿瓦刀，向右侧身弯腰（灰桶方向）将瓦刀插入灰桶内侧（靠近操作者的一边），然后转腕将瓦刀口边接触灰桶内壁，顺着内壁将瓦刀刮起，这时瓦刀已挂满灰浆。瓦刀取灰方法如图 3-51 所示。

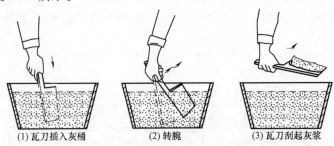

(1) 瓦刀插入灰桶　　　(2) 转腕　　　(3) 瓦刀刮起灰浆

图 3-51　瓦刀取灰方法

2. 铲灰

用瓦刀铲灰时，因为瓦刀是长条形的，铲在瓦刀上的灰也应呈长条形，一般可将瓦刀贴近灰斗的长边（靠近操作者的一边）顺长取灰，就可以取到长条形的灰，同时还要掌握好取灰的数量，尽量做到一刀灰一块砖。铲灰动作如图 3-52 所示。

3. 铺灰

砌砖速度的快慢和砌筑质量的好坏与铺灰有很大关系。灰铺得好，砌起砖来会觉得轻松自如，砌好的墙也干净利落。初学者可单独在一块砖上练习铺灰、砖平放、铲一刀灰，顺着砖的长方向放上去，然后用挤浆法砌筑。

4. 取砖

用挤浆法操作时，铲灰和取砖的动作应该一次完成，这样不仅节约时间，

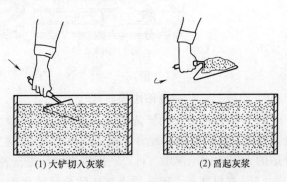

(1) 大铲切入灰浆　　　(2) 舀起灰浆

图 3-52　铲灰

而且减少了弯腰的次数，使操作者能比较持久地操作。取砖时包括选砖，操作者对摆放在身边的砖要进行全面的观察，哪些砖适合砌在什么部位，要做到心中有数。当取第一块砖时就要看准要用的下一块砖，这样，操作起来就能得心应手。砖在脚手架上是紧排侧放的，要从中间取出一块砖可能比较困难，这时可以用瓦刀或大铲去勾一下砖的外面，使砖翘起一个角度，就好取砖了。取砖动作如图 3-53 所示。所谓拿到合适的砖，是针对砖的外观质量而言，如砌清水墙，正面必须色泽一致，楞角整齐，这时就要求操作者托在手掌上用旋转的方法来选换砖面，这也是砌筑工必须掌握的基本技术之一。初学时可以用一块木砖练，将砖平托在左手掌上，使掌心向上，砖的大面贴在手心，这时用该手的食指或中指稍勾砖的边棱，依靠四指向大拇指方向的运动，配合抖腕动作，砖就在左掌心旋转起来了。操作者可观察砖的四个面（两个条面、两个丁面），然后选定最合适的面朝向墙的外侧。

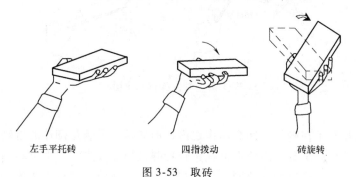

左手平托砖　　　　　四指拨动　　　　　砖旋转

图 3-53　取砖

5. 挂灰准备动作

右手拿瓦刀取好砂浆，左手取砖，平托砖块（大拇指勾住左条面，食指紧贴砖下大面，其他三指勾住右条面），如图 3-54 所示。

6. 瓦刀挂灰

第一次刮砂浆时左手将瓦刀后背斜靠砖大面右边棱后端，手臂带动瓦刀沿着边棱向前右下均匀滑刮，将部分砂浆挂在砖大面的右侧（图 3-55a）。第二次挂灰时反手将瓦刀前口斜靠砖大面左边棱前端，手臂带动瓦刀沿着边棱向后左下均匀滑刮，将部分砂浆挂在砖大面的左侧（图 3-55b）。第三次挂灰左手将瓦刀前背斜靠砖大面前边棱左端，手臂带动瓦刀沿着边棱向前右下均匀滑刮，将部分砂浆挂在砖大面的前侧（图 3-55c）。第四次挂灰反手将瓦刀后口斜靠砖大面后边棱右端，手臂带动瓦刀沿着边棱向后左下均匀滑刮，将剩余砂浆挂在砖大面的后侧（图 3-55d）。

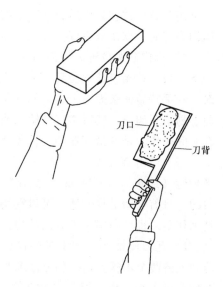

刀口
刀背

图 3-54　挂灰准备

7. 摆砖

摆砖是完成砌砖的最后一个动作，砌体能不能做到横平竖直、错缝搭接、灰浆饱满、整洁美观的要求，关键在摆砖上下功夫。练习时可单独在一段墙上操作，操作者的身体同墙皮保持 20cm 左右的距离，手必须握住砖的中间部分，摆放前用瓦刀粘少量灰浆刮到砖的端头上，抹上"碰头灰"，使竖向砂浆饱满。摆放时要注意手指不能碰撞准线，特别是砌顺砖的外侧面时，一定要在砖将要落墙时的一瞬间跷起大拇指。砖摆上墙以后，如果，高出准线，可以稍稍揉压砖块，也可用瓦刀轻轻叩打。灰缝中挤出的灰可用瓦刀随手刮起甩入竖缝中。

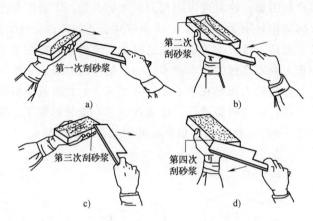

图 3-55 挂灰操作示意图

8. 砍砖

砍砖的动作虽然不在砌筑的四个动作之内，但却是为了满足砌体的组砌要求。一般用瓦刀或刨锛作为砖的砍凿工具，当所需形状比较特殊且用量较多时，也可利用扁头钢凿、尖头钢凿配合手锤开凿。开凿尺寸的控制一般是利用砖作为模数来进行划线的，其中七分头用得最多，可以在瓦刀柄和刨锛把上先量好位置，刻好标记槽，以利提高工效。

（1）七分头的砍凿方法选砖

1）选砖。准备开凿的砖要求外观平整，无缺楞、掉角、裂缝，也不能用烧过火的砖和欠火砖。符合这些条件后，应一手持砖、一手用瓦刀或刨锛轻轻敲击砖的大面，如果声音清脆即为好砖，砍凿效果好。如果发出"壳壳壳"的声音，则表明内在质地不匀，不可砍凿。

2）标定砍凿位置。当使用瓦刀砍凿时，一手持砖使条面向上，以瓦刀所刻标记处伸量一下砖块，在相应长度位置用瓦刀轻轻划一下，然后用力斩一二刀即可完成。当使用刨锛时，一手持砖使条面向上，以刨锛手柄所刻标记对准砖的条面，轻轻晃动刃口，就在砖的条面上划出了印子，然后举起刨锛砍凿划痕处，一般 1~2 下即可砍下二分头。以上两个动作在实际操作时是紧紧相连的，仅需 2~3 秒的时间。七分头的砍凿如图 3-56 所示。

（2）二寸条的砍凿方法　二寸条俗称半半砖（约 5.7cm × 24cm），是比较难以砍凿的。目前电动工具发达，可以利用电动工具来切割，也可利用手工方法砍凿。

1）瓦刀刨锛法。砍凿时同样要通过选砖和砍凿两个步骤。选砖的方法和步骤与挑选砍七分头砖一样，但是二寸条更难砍凿，所以对所选的砖要求更高。选好砖以后，利用另一块砖作为尺模，在要砍凿的砖的两个大面都划好刻痕（印子），再用瓦刀或刨锛

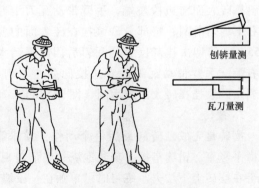

刨锛量测

瓦刀量测

图 3-56　砍凿七分头的方法

在砖的两个丁面上各砍一下，然后用瓦刀的刃口尖端或刨锛的刀口轻轻叩打砖的两个大面，并逐步增加叩打的力量，最后在砖的两个丁面用力砍凿一下，二寸条即可砍成。

2）手锤钢凿法。利用手锤和钢凿（錾子）配合，能减少砖的破碎损耗，也是砍凿耐火砖的常用方法。初级砌筑工，可能对瓦刀、刨锛的使用法还缺乏一定的经验和技能，可以利用手锤和钢凿的配合来加工二寸条。另外，当二寸条的使用量较多时，为了避免材料的不必要损耗，也可指定专人利用手锤、钢凿集中加工。集中开凿时，最好在地上垫好麻袋或草袋等，使开凿力量能够均匀分布，然后将砖块大面朝上，平放于麻袋上，操作者用脚尖踩砖的丁面，左手持凿，右手持锤，轻轻开凿。一般先用尖头钢凿顺砖的丁面→大面→另一丁面→另一大面轻轻密排打凿一遍，然后以扁钢凿顺已开凿的印子打凿即能凿开。

小经验

弧形墙砌筑时应掌握哪些要点？

答：1）根据施工图注明的角度与弧度放出局部实样，按实墙做出弧形套板。

2）根据弧形墙身墨线摆砖，压弧段内试砌并检查错缝。

3）立缝最小不小于7mm，最大不大于12mm。

4）在弧度较大处采用丁砌法 在弧度较小处采用丁顺交错砌法。

5）在弧度急转的地方 加工异型砖、弧形砌砖。

6）每砌3～5皮砖用弧形样板沿弧形墙全面检查一次。

7）固定几个固定点用托线板检查垂直度。

第 4 章

砖基础和砖墙的砌筑

必备知识点

必备知识点 1　砖基础砌筑质量标准

1. 砖基础质量通病与防治

（1）砂浆强度不稳定　影响砂浆强度的因素是计量不准，原材料质量变动，塑化材料的稠度不准而影响到掺入量，外加剂掺入量不准确，砂浆试块的制作和养护方式不当等。

应进行的控制是：加强原材料的进场验收，不合格或质量较差的材料进场后要立即采取相应的技术措施，对计量器具进行检测，并对计量工作派专人监控。调整搅拌砂浆时的加料顺序，使砂浆搅拌均匀，对砂浆试块应有专人负责制作和养护。

（2）基顶标高不准　由于基底或垫层标高不准，钉好皮数杆后又没有用细石混凝土找平偏差较大的部位，在砌筑时，两角的人没有通好气，造成两端错层，砌成螺丝墙。或者小皮数杆设置得过于偏离中心，基础收台阶结束后，小皮数杆远离基础墙，失去实用意义。所以在操作时必须按要求先用细石混凝土找平，摆底时要摆平。小皮数杆应用 20mm 见方的小木条制作，一则可以砌在基础内，二则也具有一定的刚度，避免变形。基础开砌前，要用水准仪复核小皮数杆的标高，防止因皮数杆不平而造成基顶不平。

（3）基础墙身位移过大　基础墙身位移过大的主要原因是大放脚两边收退不均匀，砌到基础墙身时，未拉线找出正墙的轴线和边线，或者砌筑时墙身垂直偏差过大。

解决此质量问题的操作要求如下：大放脚两边收退应用尺量收退，使其收退均匀，不得采用目测和砖块比量的方法；基础收退到正墙时必须复准轴线后砌筑，正墙还应经常对墙身垂直度进行检查，要求盘头角时每 5 皮砖吊线检查一次，以保证墙身垂直度。

（4）墙面平整度偏差过大　墙面平整度偏差过大的主要原因是一砖半以上的墙体未双面挂线砌筑，还有砖墙挂线时跳皮挂线，另外还有舌头灰未刮清和毛石表面不平整。

其操作要点是：砖墙砌筑挂线应皮皮挂线不应跳皮挂线，一砖半以上墙必须双面挂线；砌筑还要随砌随清舌头灰，做到砖墙不碰线砌筑；对表面不平的毛石面应砌筑前修正，避免凹进凸出。

（5）基础墙交圈不平　基础墙交圈不平的主要原因有：水平抄平，皮数杆木桩不牢固、松动、皮数杆立好后水平标高的复验工作不够，皮数杆不平引起基础交圈不平或者扭曲。

要解决这个质量问题，操作时应在每个立皮数杆的位置上抄好水平，立皮数杆的木桩应牢固、无松动，并且立好的皮数杆应全部复核检查符合后才可使用。

（6）水平灰缝高低和厚薄不匀 这一问题主要反映在砖基础大放脚砌筑上。要防止水平灰缝高低和厚薄不匀问题产生，应做到盘角时灰缝均匀，每层砖要与皮数杆对平；砌筑时要左右照顾，线要收紧，挂线过长时中间应进行腰线标定，使挂线平直。

（7）埋入件和拉结筋位置不准 主要原因是没有按设计规定施工，小皮数杆上没有标示。因此，砌筑前要询问是否有埋入件，是否有预留的孔洞，并搞清楚位置和标高，砌筑过程要加强检查。

（8）基础防潮层失效 防潮层施工后出现开裂、起壳甚至脱落，以致不能有效地起到防潮作用，造成这种情况的原因是抹防潮层前没有做好基层清理；因碰撞而松动的砖没补砌好；砂浆搅拌不均匀或未做抹压；防水剂掺入量超过规定等。

防止办法是应将防潮层作为一项独立的工序来完成。基层必须清理干净和浇水温润，对于松动的砖，必须凿除灰缝砂浆，重新补砌牢固。防潮层砂浆收水后要抹压，如果以地圈梁代替防潮层，除了要加强振捣外，还应在混凝土收水后抹压。砂浆的拌制必须均匀。当掺加粉状防水剂时必须先调成糊状后加入，掺入量应准确，如用干料直接掺入，可能造成结团或防水剂漂浮在砂浆表面而影响砂浆的均匀性。

2. 砖基础砌筑质量标准

（1）保证项目

1）砖的品种、强度等级必须符合设计要求，并应规格一致。

2）砂浆的品种必须符合设计要求，强度必须符合砂浆强度的规定。

（2）基本项目

1）砌体上下错缝：每间（处）3～5m的通缝不超过3处；混水墙中长度大于等于300mm的通缝每间不超过3处，且不得在同一墙面上。

2）砌体接槎处灰浆密实，缝、砖平直。水平灰缝厚度应为10mm，不小于8mm，也不应大于12mm。

3）预埋拉结筋的数量、长度均应符合设计要求和施工验收规范规定。

4）构造柱位置留置应正确，大马牙槎要先退后进，残留砂浆要清理干净。

（3）允许偏差项目

1）轴线位置偏移：用经纬仪或拉线检查，其偏差不得超过10mm。

2）基础顶面标高：用水准仪和尺量检查，其偏差不得超过±15mm。

3）预留构造柱的截面：允许偏差不得超过±15mm，用尺量检验。

4）表面平整度和水平灰缝平直度均应符合要求。

（4）砂浆强度规定

1）同一验收批砂浆试块的平均抗压强度必须大于或等于设计强度。

2）同一验收批砂浆试块的抗压强度的最小一组平均值必须大于或等于设计强度的0.75倍。

3）砌体砂浆必须密实饱满，实心砌体水平灰缝的砂浆饱满度不小于80%。

4）外墙的转角处严禁留直槎，其他的临时间断处，留槎的做法必须符合施工验收规范的规定。

必备知识点2 砖墙砌筑质量标准

1. 砖墙砌筑质量通病及其防治

（1）基础墙与上部墙错台 基础砖摆底要正确，收退大放脚两边要相等，退到墙身之前要检查轴线和连线是否正确，如有偏差应在基础部位纠正。

（2）清水墙游丁走缝

1）摆砖时必须立缝摆匀。

2）砌完一步架高度，每隔2m在丁砖立楞处用托线板吊直弹粉线，二步架往上继续吊直弹粉线。

3）由底往上所有七分头的长度应保持一致。

4）上层分窗口位置必须与下层窗口保持垂直。

（3）灰缝大小不匀

1）立皮数杆时要保持标高一致。

2）盘角时灰缝要掌握均匀。

3）砌砖时小线要拉紧，防止一层线松，一层线紧。

（4）构造柱处砌筑不符合要求

1）构造柱砖墙应砌成大马牙槎，设置好拉结钢筋。

2）大马牙槎应从柱脚开始两侧都应先退后进。

3）浇筑混凝土前，构造柱内的落地灰、砖渣杂物必须清理干净。

（5）多角形墙转角处内墙出现同缝 多角形墙的转角，摆砖难度较大，稍有不当转角就会出现通缝。

（6）弧形墙外墙面竖向灰缝偏大 产生弧形墙竖向灰缝偏大的主要原因是弧形墙弧度偏小，砖墙摆砌方法不当，或在弧度急转的地方没有事先加工楔形砖，砌筑时用瓦刀劈砖不准等。

防止弧形墙外墙面竖向灰缝偏大的预防措施有：根据弧度的大小选择排砖组砌方法，对于弧度较小的采用丁砌法；不管采用哪种方法，均应在干摆砖时安排好弧形墙的内外皮砖的竖向灰缝，使其满足规范要求，干摆砖应至少摆2皮砖以上；弧度急转处，应加工相适应的楔形砖砌筑。

要防止转角出现同缝，操作时不能只摆一皮砖，最好摆3~4皮干砖，直到上下皮砖错缝搭缝摆通为止，应掌握好内外墙错缝搭接均符合要求。对异型砖要专人加工，使其规格一致。

（7）砖墙砌筑质量标准

1）主控项目

① 砖和砂浆的强度等级必须符合设计要求。

抽检数量：每一生产厂家，烧结普通砖、混凝土实心砖每15万块，烧结多孔砖、混凝土多孔砖、蒸压灰砂砖及蒸压粉煤灰砖每10万块各为一验收批，不足上述数量时按1批计，抽检数量为1组。

检验方法：查砖和砂浆试块试验报告。

② 砌体灰缝砂浆应密实饱满。砖墙水平灰缝的砂浆饱满度不得低于80%；砖柱水平灰缝和竖向灰缝饱满度不得低于90%。

抽检数量：每检验批抽查不应少于5处。

检验方法：用百格网检查砖底面与砂浆的黏结痕迹面积，每处检测 3 块砖，取其平均值。

③ 砖砌体的转角处和交接处应同时砌，严禁无可靠措施的内外墙分砌施工。在抗震设防烈度为 8 度及 8 度以上地区，对不能同时砌筑而又必须留置的临时间断处应砌成斜槎，普通砖砌体斜槎水平投影长度不应小于高度的 2/3，多孔砖砌体的斜槎长高比不应小于 1/2。斜槎高度不得超过一步脚手架的高度。

抽检数量：每检验批抽查不应少于 5 处。

检验方法：观察检查。

④ 非抗震设防及抗震设防烈度为 6 度、7 度地区的临时间断处，当不能留斜槎时，除转角处外，可留直槎，但直槎必须做成凸槎，且应加设拉结钢筋，如图 4-1 所示，拉结钢筋应符合下列规定：每 120mm 墙厚放置 1Φ6 拉结钢筋（120mm 厚墙应放置 2Φ6 拉结钢筋）；间距沿墙高不应超过 500mm，且竖向间距偏差不应超过 100mm；埋入长度从留槎处算起每边均不应小于 500mm，对抗震设防烈度 6 度、7 度的地区，不应小于 1000mm；末端应有 90°弯钩。

抽检数量：每检验批抽查不应少于 5 处。

检验方法：观察和尺量检查。

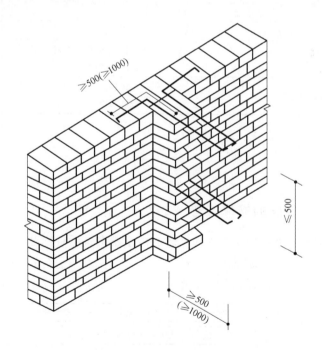

图 4-1　直槎处拉结钢筋示意图

2）一般项目

① 砖砌体组砌方法应正确，内处搭砌、上、下错缝。清水墙、窗间墙无通缝；混水墙中不得有长度大于 300mm 的通缝，长度 200～300mm 的通缝每间不超过 3 处，且不得位于同一面墙体上。砖柱不得采用包心砌法。

检验方法：观察检查。砌体组砌方法抽检每处应为 3～5m。

② 砖砌体的灰缝应横平竖直，厚薄均匀，水平灰缝厚度及竖向灰缝宽度宜为 10mm。但

不应小于8mm，也不应大于12mm。

抽检数量：每检验批抽查不应少于5处。

检验方法：水平灰缝厚度用尺量10皮砖砌体高度折算；竖向灰缝宽度用尺量2m砌体长度折算。

③ 砖砌体尺寸、位置的允许偏差及检验应符合表4-1。

表4-1　砖砌体尺寸、位置的允许偏差及检验

项次	项　目			允许偏差/mm	检验方法	抽检数量
1	轴线位移			10	用经纬仪和尺或用其他测量仪器检查	承重墙、柱全数检查
2	基础、墙、柱顶面标高			±15	用水准仪和尺检查	不应少于5处
3	墙面垂直度	每层		5	用2m托线板检查	不应少于5处
		全高	≤10m	10	用经纬仪、吊线和尺或用其他测量仪器检查	外墙全部阳角
			>10m	20		
4	表面平整度	清水墙、柱		5	用2m靠尺和楔形塞尺检查	不应少于5处
	水平灰缝平直度	混水墙、柱		8		
5	水平灰缝平直度	清水墙		7	拉5m线和尺检查	不应少于5处
		混水墙		10		
6	门窗洞口高、宽（后塞口）			±10	用尺检查	不应少于5处
7	外墙上下窗口偏移			20	以底层窗口为准。用经纬仪或吊线检查	不应少于5处
8	清水墙游丁走缝			20	以每层第一皮砖为准，用吊线和尺检查	不应少于5处

实践技能

实践技能1　砖基础砌筑的操作工艺

砖基础的砌筑包括砖基础砌筑的操作工艺和砖基础砌筑质量标准。

1. 砖基础砌筑的操作工艺流程

砖基础砌筑的操作工艺流程如图4-2所示。

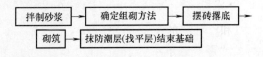

图4-2　砖基础砌筑的操作工艺流程

2. 砖基础砌筑的操作要点

（1）技术准备　砖石基础砌筑是在土方开挖结束后，垫层施工完毕，已经放好线、立好皮数杆的前提下进行的。

（2）材料准备

1）砖石。检查砖石的规格、强度等级、品种等是否符合设计要求，并提前做好浇水洇砖工作。

2）水泥。要弄清水泥是袋装还是散装，它们的出厂日期、强度等级是否符合要求。如果是袋装水泥，要抽查过磅，以检查袋装水泥的计量正确程度。

3）砂子。砂子一般用中砂，要求先经过5m筛孔过筛。如果采用细砂，应提请施工技术人员调整配合比，砂粒必须有足够的强度，粉末量应与含泥量一样限制。

4）掺和料。掺合料指石灰膏、粉煤灰等，冬期施工时也有掺入磨细生石灰代替石灰膏的。应注意的是长期在水位线以下的基础墙中，砂浆不能使用石灰膏等气硬性掺和料。

5）外加剂。有时为了节约石灰膏和改善砂浆的和易性，使用添加微沫剂，这时应了解其性能和添加方法。

6）其他材料。其他材料如拉结筋、预埋件、木砖、防水粉（或防水剂）等均应一一检查其数量、规格是否符合要求。

（3）工具准备 砂浆搅拌机、大铲、刨锛、托线板、线钢卷尺、灰槽、小水桶、砖夹子、小线、筛子、扫帚、八字靠尺、钢筋卡子等。

（4）作业条件准备

1）检查基槽土方开挖是否符合要求。灰土或混凝土垫层是否验收合格。土壁是否安全，上下有无踏步或梯子。

2）检查基础皮数杆最下一层砖是否为整砖，如不是整砖，要弄清各皮数杆的情况，确定是"提灰"还是"压灰"。如果差距较大，超过20mm以上，应用细石混凝土找平。

3）检查砂浆搅拌机是否正常，后台计量器材是否齐全、准确。对运送材料的车辆进行过磅计量，以便装料后确定总配合比计量。

4）对基槽有积水的要予以排除，并注意集水井、排水沟是否通畅，水泵工作是否正常。

（5）拌制砂浆

1）砂浆的配合比。砂浆的配合比一般是以质量比的形式来表达的，是经过试验确定的，配合比确定后，操作者应严格按要求计量配料，水泥的称量精确度控制在±2%以内，砂子和石灰膏等掺和料的称量精确度控制在±5%以内，外加剂由于总掺入量很少，更要按说明或技术交底严格计量加料，不能多加或少加。

2）砂浆的使用。砂浆应随拌随用，对水泥砂浆或水泥混合砂浆，必须在拌制后3~4h内使用完毕。

3）砂浆强度的测试。砂浆以砂浆试块经养护后试压测试强度的，每一施工段或每250m³砌体，应制作一组（6块）试块，如强度等级不同或变更配合比，均应另作试块。

（6）摆砖撂底

根据基底尺寸边线和已确定的组砌方式，用砖在基底的一段长度上干摆一层，摆砖时应考虑竖缝的宽度，并按"退台压丁"（即收台在丁层砖上面）的原则进行，上、下皮砖错缝达1/4砖长，在转角处用"七分头"来调整搭接，避免立缝重缝，各种不同的大放脚摆砖方式见4.5节。摆完后应经复核无误才能正式砌筑。

排砖结束后，用砂浆把干摆的砖砌起来，就叫撂底。对撂底的要求，一是不能改已排好砖的平面位置，要一铲灰一块砖的砌筑；二是必须严格与皮数杆标准砌平。偏差过大的应在准备阶段处理完毕，但10mm左右的偏差要靠调整砂浆灰缝厚度来解决。必须先在大角按皮数杆砌好，拉好拉紧准线，才能使撂底工作全面铺开。排砖撂底工作的好坏，影响到整个基础的砌筑质量，必须严肃认真地做好。

（7）砌筑

1）盘角。盘角就是在房屋的转角、大角处砌好墙角，如图4-3所示。每次盘角高度不得超过五皮砖，并用线锤检查垂直度和用皮数杆检查其标高有无偏差。如有偏差时，应在砌筑大放脚的操作过程中逐皮进行调整（俗称提灰缝或杀灰缝）。在调整中，应防止砖错层，即要避免"螺丝墙"情况。

2）收台阶。基础大放脚是要收台阶的，每次收台阶必须用卷尺量准尺寸，中间部分的砌筑应以大角处准线为依据，不能用目测或砖块比量，以免出现偏差。收台阶结束后，砌基础墙前，要利用龙门板拉线检查墙身中心线，并用红铅笔将"中"画在基础墙侧面，以便随时检查复核。

3）砌筑要点。在收台阶完成后和砌基础墙之前，应利用龙门板的"中心钉"拉线检查墙身中心线，并用红铅笔将"中"字画在基础墙侧面，以便随时检查复核。

核对基础墙的轴线和边线正确无误后，按照先盘角，后挂准线砌中间墙的操作顺序将基础墙体砌至设计标高。在砌筑基础的过程中，应注意以下事项：

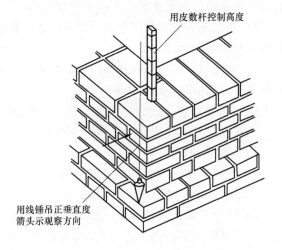

图4-3　盘角示意

① 基础如深浅不一，有错台或踏步等情况时，应从深处砌起。

② 如有抗震缝、沉降缝时，缝的两侧应按弹线要求分开砌筑。砌时缝隙内落入的砂浆要随时清理干净，保证缝道通畅。

③ 基础分段砌筑必须留斜槎（踏步槎），分段砌筑的高度相差不得超过1.2m。

④ 基础大放脚应错缝，利用碎砖和断砖填心时，应分散填放在受力较小的、不重要的部位。

⑤ 预留孔洞应留置准确，不得事后开凿。

⑥ 基础灰缝必须密实，以防止地下水的浸入。

⑦ 各层砖与皮数杆要保持一致，偏差不得大于±10mm。

⑧ 管沟和预留孔洞的过梁，其标高、型号必须安放正确，座灰饱满，如座灰厚度超过20mm时应用细石混凝土铺垫。

⑨ 搁置暖气沟盖板的挑砖和基础最上一皮砖均应用丁砖砌筑，挑砖的标高应一致。

⑩ 地圈梁底和构造柱侧应留出支模用的"穿杠洞"，待拆模后再填补密实。

（8）做防潮层　基础防潮层应在基础墙全部砌到设计标高后才能施工，最好能在室内回填土完成以后进行。如果基础墙顶部有钢筋混凝土地圈梁，则可代替防潮层，如果没有地圈梁，则必须做防潮层。防潮层应作为一道工序单独完成，不允许在砌墙砂浆中添加一些防水剂进行砌筑来代替防潮层。防潮层所用砂浆一般采用1:2水泥砂浆加入水泥质量3%～5%的防水剂搅拌而成。如使用防水粉，应先把粉剂加水搅拌成均匀的稠浆后添加到砂浆中去。抹防潮层时，应先在基础墙顶的侧面抄出水平标高线，然后用直尺夹在基础墙两侧，尺面按水平线找准，然后摊铺砂浆，待初凝后再用木抹子收压一遍，做到平实，表面拉毛。铺抹防潮层如图 4-4 所示。

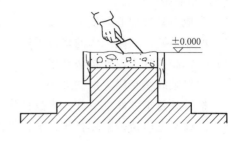

图 4-4 铺抹防潮层

砖石基础施工前，一方面应熟悉施工图，了解设计要求，听取施工技术人员的技术交底，另一方面应对上道工序进行验收，如检查土方开挖尺寸和坡度是否正确，基底墨斗线是否齐全、清楚，基础皮数杆的立设是否恰当，垫层或基底标高是否与基础皮数杆相符，如高差偏大，则采用 C10 细石混凝土找平，严禁在砂浆中加细石及砍砖包盒子。

实践技能 2　砖墙砌筑的操作工艺

1. 砖墙砌筑的操作工艺流程

砖墙砌筑的操作工艺流程如图 4-5 所示。

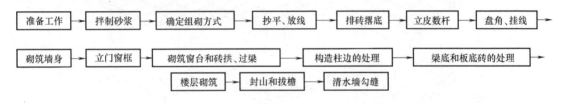

图 4-5 砖墙砌筑的操作工艺流程

2. 砖墙砌筑的操作要点

（1）技术准备　做好操作工艺技术交底和安全交底。

（2）材料准备

1）砖。检查了解砖的品种、规格、强度等级、外观尺寸，如果是砌清水墙还要观察的色泽是否一致。经检查符合要求以后即可浇水润砖。砖要提前 2 天浇透，以水渗入砖四周内 15mm 以上为好，此时砖的含水量约达到 10%～15%，砖泅湿后应晾半天，待表面略干后使用最好。如果碰到雨季，应检查进场砖的含水量，必要时应对砖堆做防雨遮盖。

2）砂子。检查它的细度和含泥量等。砂子符合要求后要过筛，筛孔直径以 6～8mm 为宜。雨期施工时，砂子应筛好并留出一定的储备量。

3）水泥。了解水泥的品种、标号、储备量等，同时要知道是袋装还是散装。袋装水泥应抽检每袋水泥的质量是否为 50kg，散装水泥应了解计量方法。

4）掺合料。了解是否使用粉煤灰等掺合料，其技术性能如何。

5）石灰膏。了解其稠度和性能。

6）其他材料。了解木砖、拉结筋、预制过梁、预制壁龛、墙内加筋等是否进场。木砖是否涂好防腐剂，预制件规格尺寸和强度等级是否符合要求。如果是现立门窗框的，要了解门窗框的进场数量、规格等。

（3）工具准备　砂浆搅拌机、大铲、刨锛、托线板、线坠、钢卷尺、灰槽、小水桶、砖夹子、小线、筛子、扫帚、八字靠尺、铁水平尺、钢筋卡子等。

（4）作业条件准备

1）完成室外及房心回填土，安装好沟盖板。

2）办完地基、基础工作的隐检手续。

3）按标高抹好水泥砂浆防潮层。

4）弹好轴线墙身线，根据进场砖的实际规格尺寸，弹出门窗洞口位置线。

5）按设计要求立好皮数杆，皮数杆的间距以 15～20m 为宜。

6）向试验室申请砂浆配合比，准备好砂浆试模。

（5）确定组砌方式

1）确定组砌形式。砖墙的组砌形式很多，可以是一顺一丁、梅花丁、三顺一丁等。一般选用一顺一丁组砌筑形式，如果砖的规格不太理想，则可以选用梅花丁式。

2）确定接头方式。组砌形式确定以后，接头形式也随之而定，以 240mm 厚实心墙体为例，采用一顺一丁形式组砌的砖墙大角的摆法如图 4-6 所示，丁字墙的接头方式如图 4-7 所示，十字墙的接头如图 4-8 所示，钝角和锐角接头如图 4-9 所示。

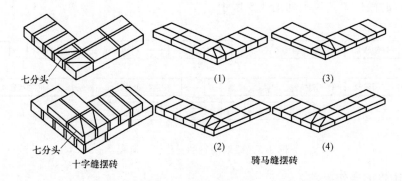

图 4-6　砖墙大角的摆法

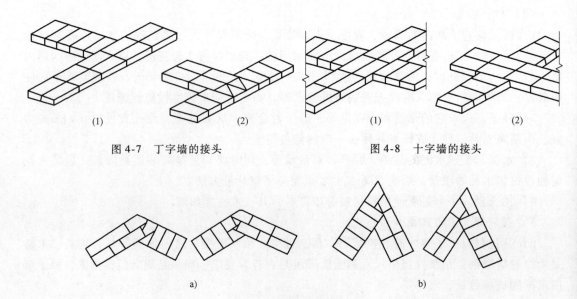

图 4-7　丁字墙的接头　　　　　　图 4-8　十字墙的接头

图 4-9　钝角和锐角接头

a）十字接　b）丁字接头

（6）抄平、放线 基础设置地圈梁时，可利用地圈梁混凝土找平。

检测其标高可采用水准仪。没有地圈梁处可利用防潮层水泥砂浆找平。然后利用各主要墙上的主轴线，在防潮层面上用细线将两头拉通，沿细线每 10 ~ 15m 划红痕，再将各点连通弹出墙的主轴线，最后弹出墙的其他轴线，如图 4-10 所示。

轴线弹出后，根据轴线尺寸用尺量出门窗洞口位置，用墨线弹在基础墙面上，门窗洞口打上交叉的斜线。窗口画在墙的侧面，用箭头表示其位置和宽、高尺寸（图 4-11）。注意两个轴线间门、窗洞口划线应以一个定位轴线为控制。

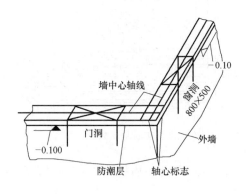

图 4-10 弹墙体轴线

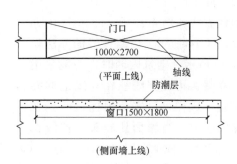

图 4-11 门窗洞口标志

楼层板底标高控制宜以皮数杆控制，另外可利用在室内弹出的水平线来控制。当底层砌到一步架高度后，用水准仪根据龙门板上的 +0.000 标高点，在室内进行抄平，并弹出高出室内地坪 0.5m 的标高控制线，用以控制底层过梁及楼板的标高。

二层以上楼层的测量放线工作，由测量工负责。

（7）摆砖撂底 防潮层上的墨线弄清以后，要通盘的干摆砖。摆砖要根据"山丁檐跑"的原则进行，不仅要像基础摆砖一样，把墙的转角、交接处排好，达到接槎合理、操作方便的目的，对于门口和窗口（窗口位置应在防潮层上用粉线弹线以便预排，对于清水墙尤其要这样做），还要排成砖的模数，如果摆下来不合适，可以对门窗口位置调整 1 ~ 2cm，以达到砖活好看的目的。对于清水墙，更要注意不能摆成"阴阳把"（即门窗口两侧不对称）。

防潮层的上表面应该水平，但与皮数杆上的皮数不吻合，就可能有问题，所以也要通过撂底找正标高，如果水平灰缝太厚，一次找不到标高，可以分次分皮逐步找到标高，争取在窗台甚至窗上口达到皮数杆规定标高，但四周的水平缝必须在同一水平线上。

（8）立皮数杆 皮数杆是一层楼墙体的标志杆，其上划有每皮砖和灰缝的厚度、门、窗洞口底部、过梁楼板、梁底标高位置，用以控制墙体的竖向尺寸。皮数杆一般立在墙的大角、内外墙交接处、楼梯间及洞口多的地方（图 4-12）。在砌筑时应检查皮数杆上的 ±0.000 是否与房屋（或楼面）的 ±0.000 相吻合。

（9）盘角挂线

1）盘角。应由技术较好的技工盘角，每次盘角的高度不要超过 5 皮砖，然后用线锤作吊直检查。盘角时必须对照皮数杆，特别要控制好砖层上口高度，不要与皮数杆相应皮数高差太多，一般经验做法是比皮数杆标定皮数低 5 ~ 10mm。5 皮砖盘好后两端要拉通线检查，先检查砖墙槎口是否有抬头和低头的现象，再与相对盘角的操作者核对砖的皮数，千万不能出现错层。

2）挂线。砌筑砖墙必须拉通线，砌一砖半以上的墙必须双面挂线。砖瓦工砌墙时主要依靠准线来掌握墙体的平直度，所以挂线工作十分重要。外墙大角挂线的办法是用线拴上半截砖头，挂在大角的砖缝里，然后用别线棍把线别住，别线棍的直径约为1mm，放在离开大角 2 ~ 4cm 处。大角挂线的方式如图 4-13 所示，挑线的办法如图 4-14 所示，内墙挂线的办法如图 4-15 所示。砌筑内墙时，一般采用先拴立线，再将准线挂在立线上的办法砌筑，这样可以避免因槎口砖偏斜带来的误差。当墙面比较长，挂线长

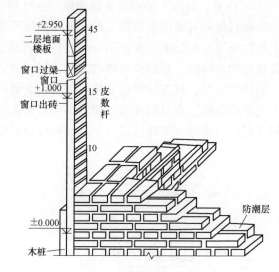

图 4-12　立墙身皮数杆

度超过 20m，线就会因自重而下垂，这时要在墙身的中间砌上一块挑出 3 ~ 4cm 的腰线砖，托住准线，然后从一端穿看平直，再用砖将线压住。

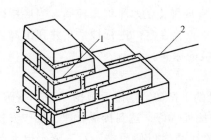

图 4-13　大角的挂线

1—别线棍；2—挂线；3—简易挂线锤

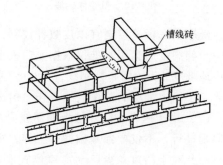

图 4-14　挑线

（10）砌筑墙身

1）角砖要平、绷线要紧。盘好角是砌好墙的保证，盘角时应该重视一个"直"字，砌好角才能挂好线，而线挂好绷紧了才能砌好墙。

2）上灰要准、铺灰要活。底角与绷线都达到了要求，还要看每一块砖是否能摆平，灰浆厚薄是否一致，且铺得均匀。待灰浆基本铺平以后，只要用手轻轻揉压砖块，将砖块调平，不宜用砌刀击平。如图 4-16a 所示。

3）上跟线，下跟棱。跟棱附线是砌平一块砖的关键，不然砖就摆不平，墙会走形或砌成台阶式。如图 4-16b、c 所示。

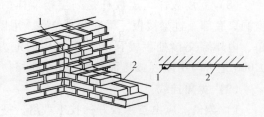

图 4-15　内墙挂准线的方法

1—立线　2—准线

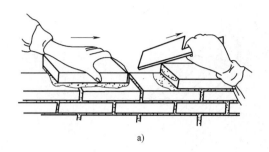

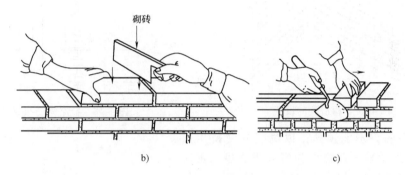

图 4-16　砌墙要领

a）铺（刷）好灰　b）砖摆平　c）砌丁砖

4）皮数杆立正立直。楼房的层高有高有低，高的可达 4～5m，由于皮数杆固定的方向不佳或者木料本身弯曲变形，往往使皮数杆倾斜，这样，砌出来的砖墙就会不正确，因此，砌筑时要随时注意皮数杆的垂直度。

（11）墙的留槎与接槎

1）砖墙的转角处和交接处应同时砌筑。不能同时砌筑处，应留成斜槎，斜槎长度不应小于高度的 2/3。槎子必须平直、通顺。

2）如临时间断处留斜槎确有困难时，除转角处外，也可以留直槎（马牙槎）。留槎时凸出墙边砌一丁砖后，往上再每隔一皮砌条砖，并比丁砖多伸出 1/4 砖长，作为接槎用。此外，必须沿墙高每隔 500mm 设置 2φ6 拉结钢筋，埋入长度从墙的留槎处算起，每边应不小于 500mm，末端应有 90°弯钩。

3）隔墙与墙或柱如不能同时砌筑又不能留成斜槎时，可于墙或柱中引出阳槎，或于墙或柱中的灰缝中预埋拉结钢筋（其构造与上述相同）。隔墙顶应用立砖斜砌挤紧。

设有钢筋混凝土构造柱的抗震多层砖混房屋，砖墙应砌成五进五出的大马牙槎，每一马牙沿高度方向的尺寸不超过 300mm。墙与柱应沿高度方向每 500mm 设 2φ6 钢筋，每边伸入墙内应不少于 1m，构造柱应与圈梁相连接（图 4-17）。构造柱拉结钢筋布置及马牙槎如图 4-18 所示。在构造柱处应先绑钢筋，而后砌砖墙，最后浇注柱混凝土。

4）接槎时，应先将槎齿清理干净，并检查其平整度、垂直度，合格后按上述砌砖墙的方法接槎砌筑。接槎处灰浆要密实，缝、砖平直，灰缝或透亮等缺陷不超过 10 个。如图 4-19 所示。

（12）立门窗框　门洞是在一开始砌墙时就要遇到的，如果是先立门框的，砌砖时要离开门

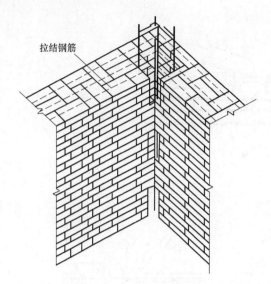

图 4-17　构造柱的设置

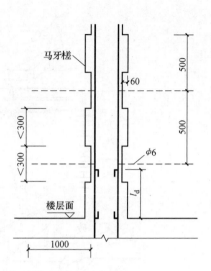

图 4-18　拉结钢筋布置及马牙槎

框边 3mm 左右，不能顶死，以免门框受挤压而变形。同时要经常检查门框的位置和垂直度，随时纠正。门框与砖墙用燕尾木砖拉结（图 4-20）如后立门框的或者叫嵌樘子的，应按墨斗线砌筑（一般所弹的墨斗线比门框外包宽 2cm），并根据门框高度安放木砖。第一次的木砖应放在第三或第四皮转上，第二次的木砖应放在 1m 左右的高度，因为这个高度一般是安装门锁的高度。如果是 2m 高的门口，第三次木砖就放在从上往下数第三、四皮砖上。如果是 2m 以上带腰头的门，第三次木砖就放在 2m 左右高度，即中冒头以下，在门上口以下三、四皮还

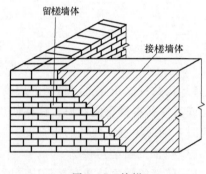

图 4-19　接槎

要放第四次木砖。金属门框不放木砖，另用铁件和射钉固定。窗框侧的墙同样处理，一般无腰头的窗放两次木砖，上下各离 2～3 皮砖，有腰头的窗要放三次，即除了上下各一次以外中间还要放一次。这里所说的"次"是指每次在每一个窗口左右各放一块的意思。嵌樘子的木砖放法如图 4-21 所示，应注意使用的木砖必须经过防腐处理。

（13）砌筑窗台和砖拱、过梁

1）窗台。当墙砌到接近窗洞口标高时，如果窗台是用顶砖挑出，则在窗洞口下皮开始砌窗台；如果窗台是用侧砖挑出，则在窗洞口下两皮开始砌窗台。砌之前按图样把窗洞口位置在砖墙面上划出分口线，砌砖时砖应砌过分口线 60～120mm，挑出墙面 60mm，出檐砖的立缝要打碰头灰。

窗台砌虎头砖时，先把窗台两边的两块虎头砖砌上，用根小线挂在它的下皮砖外角上，线的两端固定，作为砌虎头砖的准线。挂线后把窗台的宽度量好，算出需要的砖数和灰缝的大小。虎头砖向外砌成斜坡，在窗口处的墙上砂浆应铺得厚一些，一般里面比外面高出 20～30mm，以利泄水。

砌砖时把灰打在砖中间，四边留 10mm 左右，一块一块地砌。砖要充分润湿，灰浆要饱满。如为清水窗台时，砖要认真进行挑选。

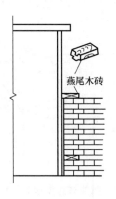

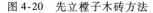

图 4-20 先立楗子木砖方法

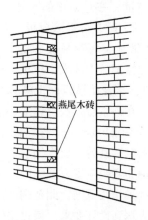

图 4-21 后嵌楗子木砖方法

如果几个窗口连在一起通长砌，其操作方法与上述单窗台砌法相同。

2）砖拱

① 砖平碹多用烧结普通砖与水泥混合砂浆砌成。砖的强度等级应不低于 MU10，砂浆的强度等级应不低于 M5。它的厚度一般等于墙厚，高度为一砖或一砖半，外形呈楔形，上大下小。

砌筑时，先砌好两边拱脚，当墙砌到门窗上口时，开始在洞口两边墙上留出 20～30mm 错台，作为拱脚支点（俗称碹肩），而砌碹的两膀墙作为拱座（俗称碹膀子）。除立碹外，其他碹膀子要砍成坡面。一砖碹错台上口宽 40～50mm，一砖半上口宽 60～70mm，如图 4-22 所示。

再在门窗洞口上部支设模板，模板中间应有 1% 的起拱。在模板上画出砖及灰缝位置，务必使砖数为单数。然后从拱脚处开始同时向中间砌砖，正中一块砖要紧紧砌入。灰缝宽度，在过梁顶部不超过 15mm，在过梁底部不小于 5mm。待砂浆强度达到设计强度的 50% 以上时方可拆除模板。平拱式过梁砌筑如图 4-23 所示。

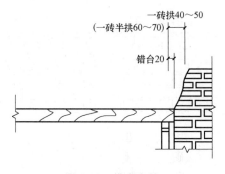

图 4-22 拱座砌筑

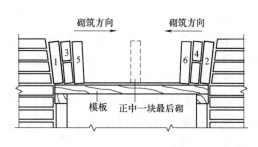

图 4-23 平拱式过梁砌筑

② 拱碹又称弧拱、弧碹，多采用烧结普通砖与水泥混合砂浆砌成。砖的强度等级应不低于 MU10，砂浆的强度等级应不低于 M5。它的厚度与墙厚相等，高度有一砖、一砖半等，外形呈圆弧形。

砌筑时，先砌好两边拱脚，拱脚斜度依圆弧曲率而定。再在洞口上部支设模板，模板中间有 1% 的起拱。在模板上画出砖及灰缝位置，务必使砖数为单数，然后从拱脚处开始同时向中间砌砖，正中一块砖应紧紧砌入。

灰缝宽度：在过梁顶部不超过 15mm，在过梁底部不小于 5mm。待砂浆强度达到设计强度的 50% 以上时方可拆除模板。弧拱式过梁砌筑如图 4-24 所示。

3）过梁（梁底和板底砖的处理）。砌筑时，先在门窗洞口上部支设模板，模板中间应有 1% 起拱。接着在模板面上铺设厚 30mm 的水泥砂浆，在砂浆层上放置钢筋，钢筋两端伸入墙内不少于 240mm，其弯钩向上，再按砖墙组砌形式继续砌砖，要求钢筋上面的一皮砖应丁砌，钢筋弯钩应置入竖缝内。钢筋以上七皮砖作为过梁作用范围，此范围内的砖和砂浆强度等级应达到设计要求。待过梁作用范围内

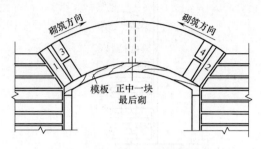

图 4-24　弧拱式过梁砌筑

的砂浆强度达到设计强度 50% 以上方可拆除模板。平砌式过梁砌筑如图 4-25 所示。

砖墙砌到楼板底时应砌成丁砖层，如果楼板是现浇的，并直接支承在砖墙上，则应砌低一皮砖，使楼板的支承处混凝土加厚，支承点得到加强。填充墙砌到框架梁底时，墙与梁底的缝隙要用铁楔子或木楔子打紧，然后用 1:2 水泥砂浆嵌填密实。如果是混水墙，可以用与平面交角在 45°～60° 的斜砌砖顶紧。假

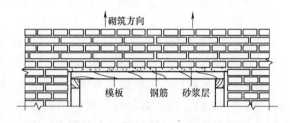

图 4-25　平砌式过梁砌筑

如填充墙是外墙，应等砌体沉降结束，砂浆达到强度后再用楔子楔紧，然后用 1:2 水泥砂浆嵌填密实，因为这一部分是薄弱点，最容易造成外墙渗漏，施工时要特别注意。梁板底的处理如图 4-26 所示。

（14）构造边的处理　砖墙与构造柱连接处应砌成马牙槎，沿墙高每隔 500mm 设置 2φ6 水平拉结筋和 φ4 分布短筋平面被电焊组成的拉结网片或 φ4 点焊钢筋网片，每边伸入墙内不少于 1m。6、7 度时底部 1/3 楼层，8 层时底部 1/2 楼层，9 度时全部楼层，上述拉接钢筋网片应沿墙体水平通长设置。马牙槎的砌筑应注意要"先退后进"，即起步时应后退 1/4 砖，5 皮砖后砌至柱宽位置，而且要对称砌筑。

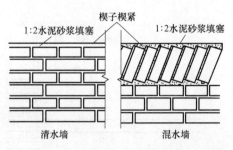

图 4-26　填充墙砌到框架梁板底时的处理

（15）楼层砌筑　在楼层砌筑，就考虑到现浇混凝土的养护期、多孔板的灌缝、找平整浇层的施工等多种因素。砌砖之前要检查皮数杆是否由下层标高引测的，皮数杆的绘制方法是否与下层吻合。对于内墙，应检查所弹的墨斗线是否同下层墙重合，避免墙身位移，影响受力性能和管道安装，还要检查内墙皮数杆的杆底标高，有时因为楼板本身的误差和安装误差，可能出现第一皮砖砌不下或者灰缝太大，这时要用细石混凝土垫平。厕所、卫生间等容易积水的房间，要注意图纸上该类房间地面比其他房间低的情况，砌墙时应考虑标高上的高差。

楼层外墙上的门、窗、挑出件等应与底层或下层门、窗挑出件等在同一垂直线上。分口线应用线锤从上面吊挂下来。楼层砌砖时，特别要注意砖的堆放不能太多，不准超过允许的荷载。如造成房屋楼板超荷，有时会引起重大事故。

（16）封山和拔檐

1）封山。坡屋顶的山墙，在砌到檐口标高处就要往上收山尖，砌山尖时，把山尖皮数杆（或称样棒）钉在山墙中心线上，在皮数杆上的屋脊标高处钉上一个钉子，然后向前后檐挂斜线，按皮数杆的皮数和斜线的标志以退踏步楼的形式向上砌筑，这时，皮数杆在中间，可以用砌 3～5 皮砖量一下高度的办法来控制。山尖砌好以后就可以安放檩条。

檩条安放固定好后，即可封山。封山有两种形式，一种是砌平面的，叫作平封山；另一种是把山墙砌得高出屋面，类似风火山墙的形式，叫作高封山。

平封山的砌法是：按已放好的檩条上皮拉线砌，或按屋面钉好的望板找平砌，封山顶坡的砖要砍成楔形砌成斜坡，然后抹灰找平，等待盖瓦。

高封山的砌法是：根据图纸要求，在脊檩端头钉一小挂线杆，自高封山顶部标高往前后檐拉线，线的坡度应与屋面坡度一致，作为砌高封山的标准。高封山砌完后，在墙顶上砌 1～2 层压顶处檐砖，高封山在外观上屋脊处和檐口处高出屋面应该一致，要做到这一点必须要把斜线挂好。收山尖和高封山的形式分别如图 4-27 和图 4-28 所示。

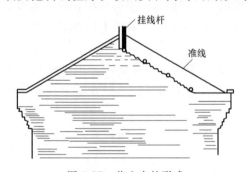

图 4-27　收山尖的形式

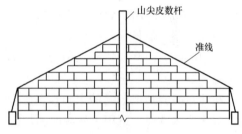

图 4-28　高封山的形式

2）封檐和拔檐。在坡屋顶的檐口部分，前后檐墙砌到檐口底时，先挑出 2～3 皮砖以顶到屋面板，此道工序被称为封檐。封檐前应检查墙身高度是否符合要求，前后两坡及左右两边是否在同一水平线上。砌筑前先在封檐两端挑出 1～2 块砖，再顺着砖的下口拉线穿平，清水墙封檐的灰缝错开，砌挑檐砖时，头缝应拔灰，同时外口应略高于里口。

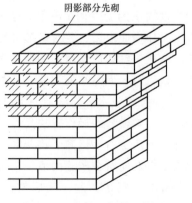

图 4-29　拔檐（挑檐）做法

在檐墙做封檐时，两山墙也要做好挑檐，挑檐的砖要选用边角整齐，如为清水墙，还要选择色泽一致的砖。山墙挑檐也叫拔檐，一般挑处的层数较多，要求把砖洇透水。砌筑时灰缝严密，特别是挑层中竖向灰缝必须饱满。砌筑时宜由外往里水平靠向已砌好的砖，将竖缝挤紧，放砖动作要快，砖放平后不宜再动，然后再砌一块砖把它压住。当出檐或拔檐较大时，不宜一次完成，以免质量过大，造成水平缝变形或倒塌。拔檐（挑檐）的做法如图 4-29 所示。

（17）清水墙勾缝

1）一般要求。清水墙就是外面不粉刷，只将灰缝勾抹严实，砖面直接暴露在外的砖墙。除了工业建筑、简易仓房的内墙做成清水墙外，一般均适用于外墙。清水墙砌筑时要求选用规格正确、色泽一致的砖，必要时要进行挑选。在砌筑过程中，要严格控制水意头缝的竖向一致，避免游丁走缝，砌筑完毕要及时抠缝，可以用小钢皮或竹棍抠划，也可以用金刚丝刷剔刷，抠缝深度应根据勾缝形式来确定，一般深度为1cm左右。

2）勾缝形式。勾缝的形式一般有五种，如图4-30所示。

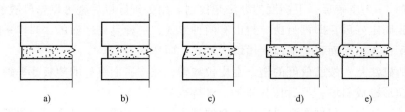

图4-30　勾缝的形式
a）平缝　b）凹缝　c）斜缝　d）矩形凸缝　e）半圆形凸缝

平缝：操作简单，勾成的墙面平整，不易剥落和积污，防雨水的渗透作用较好，但墙面较为单调。平缝一般采用深浅两种作法，深的约凹进墙面3～5mm，多用于外墙面，浅的与墙面平，多用于车间、仓库等内墙面。

凹缝：凹缝是将灰缝凹进墙面5～8mm的一种形式。凹面可做成矩形，也可略呈半圆形。勾凹缝的墙面有立体感，但容易导致雨水渗漏，而且耗工量大，一般宜用于气候干燥地区。

斜缝：斜缝是把灰缝的上口压进墙面3～4mm，下口与墙面平，使其成为斜面向上的缝。斜缝泄水方便，适用于外墙面和烟囱。

凸缝：凸缝包括矩形凸缝和半圆形凸峰，是在灰缝面做成一个矩形或半圆形的凸线，凸出墙面约5mm左右。凸缝墙面线条明显、清晰，外观美丽，但操作比较费事。

3）准备工作。勾缝一般使用1:1水泥砂浆，水泥采用42.5级水泥，砂子要经过3mm筛孔的筛子过筛。因砂浆用量不多，一般采用人工拌制。

勾缝以前应先将脚手眼清理干净并洒水湿润，再用与原墙相同的砖补砌严密，同时要把门窗框周围的缝隙用1:3水泥砂浆堵严嵌实，深浅要一致，并要把碰掉的外窗台等补砌好。以上工作做完以后，要对灰缝进行整理，对偏斜的灰缝用扁钢凿剔凿，缺损处用1:2水泥砂浆加氧化铁红调成与墙面相似的颜色修补（俗称做假砖），对于抠挖不深的灰缝要用钢凿剔深，最后将墙面黏结的泥浆、砂浆、杂物等清除干净。

4）操作技术。勾缝前一天应将墙面浇水洇透，勾缝的顺序是从上而下，先勾横缝，后勾竖缝。勾横缝的操作方法是：左手拿托灰板紧靠墙面，右手拿长溜子，将托灰板顶在要勾的缝口下边，右手用溜子将灰喂入缝内，同时自右向左随勾随移动托灰板。勾完一段后，再用溜子自左向右在砖缝内溜压密实，使其平整，深浅一致。勾竖缝的操作方法是用短溜子在托灰板上把灰浆刮起，然后勾入缝中，使其塞压紧密、平整，勾缝的操作手法如图4-31所示。

勾好的横缝与竖缝要深浅一致，交圈对口，一段墙勾完以后要用扫帚把墙面扫干净，勾完的灰缝不应有搭槎、毛疵、舌头灰等毛病，墙面的阳角处水平缝转角要方正，阴角的竖缝要勾成弓形缝，左右分明，不要从上至下勾成一条直线，影响美观。拱镟的缝要勾立面和底面，虎头砖要勾三面，转角处要勾方正。灰缝面要颜色一致、黏结牢固、压实抹光、无开裂，砖墙面要洁净。

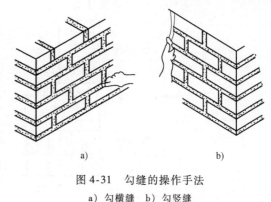

图 4-31　勾缝的操作手法
a) 勾横缝　b) 勾竖缝

实例提示

确定组砌方法

1. 砖基础的一般构造

基础砌体都砌成台阶形式，称为大放脚。大放脚有等高式和间隔式两种，每两皮砖每边收进 60mm 的称为等高式大放脚，第一个台阶两皮砖收一次，每边收进 60mm，第二台阶一皮砖收一次，每边也收进 60mm，如此循环变化的称为间隔式大放脚。其收台形式如图 4-32 所示。

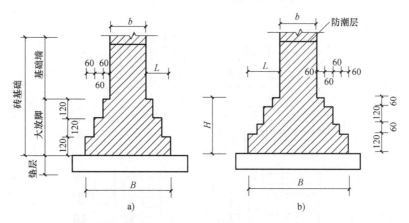

图 4-32　砖基础的形式
a) 等高式 $H:L=2$　b) 间隔式 $H:L=1.5$

2. 大放脚的组砌方法

（1）一砖墙身六皮三收等高式大放脚　此种大放脚共有三个台阶，每个台阶的宽度为 1/4 砖长，即 60mm，按上述计算，得到基底宽度为 B = 600mm，考虑竖缝后实际应为 615mm，·即两砖半宽，其组砌方式如图 4-33 所示。

（2）一砖墙身六皮四收大放脚　按上式计算，求得基底理论宽度为 720mm，实际为 740mm，其组砌方式如图 4-34 所示。

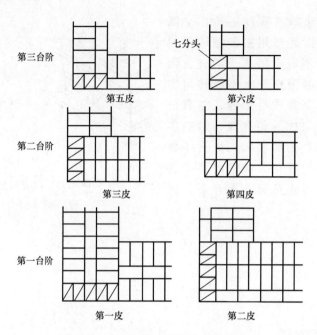

图 4-33　六皮三收大放脚台阶排砖方法

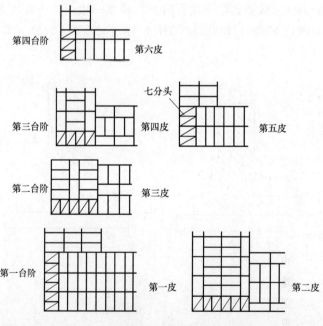

图 4-34　六皮四收大放脚台阶排砖方法

（3）一砖墙身附一砖半宽、凸出一砖的砖垛时，四皮两收大放脚　做法：墙身的排底方法与上面两例相仿，关键在于砖垛部分与墙身的咬槎处理和收放。根据上述方法计算出墙身放脚宽为两砖，砖垛的放脚宽度两砖半，其组砌方式如图 4-35 所示。

（4）一砖独立方柱六皮三收大放脚　做法：也可按上述方法计算得基底宽度为两砖半，其组砌方式如图 4-36 所示。

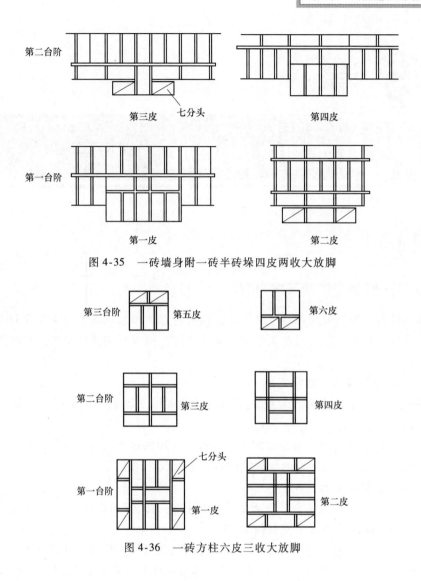

图 4-35 一砖墙身附一砖半砖垛四皮两收大放脚

图 4-36 一砖方柱六皮三收大放脚

小经验

简述清水墙的弹线、开补方法？

答：先将墙面清理冲刷干净，再用与砖墙同样颜色的青梅或研红刷色，然后弹线。弹线时要先拉通线检查水平缝的高低，用粉线袋根据实际确定的灰缝大小弹出水平灰缝的双线，再用线坠从上向下检查立缝的左右，根据水平灰缝的宽度弹出垂直灰缝的双线。开补时，灰缝偏差较大的用扁凿开凿两边凿出一条假砖缝，偏差较小的可以一面开凿。砖墙面有缺角裂缝或凹缝较大的要嵌补。开补一般先开补水平缝，再开补垂直缝，然后可进行墙面勾缝。

第 **5** 章

石材砌体的砌筑

必备知识点

必备知识点1　石材砌体的基本内容

石材砌体是利用各种天然石材组砌而成。因石材形状和加工程度的不同而分为毛石砌体和料石砌体两种。由于一般石料的强度和密度比砖好，所以石砌体的耐久性和抗渗性一般也比砖砌体好。

1. 石材砌体的分类及其适用范围

（1）毛石　毛石是指开采后未经加工的石材，常用于砌筑房屋基础、勒脚、低层房屋的墙身及护坡、挡土墙等。

（2）料石　料石是指开采后经过加工的石材，常用来砌筑墙身、墙角、石拱等。

料石的砌筑方法可参考下章的砌块的内容，下面仅介绍毛石砌体的砌筑。

2. 毛石砌体的有关名称

（1）石料的面　石料面向着操作者的一面叫作正面，背向操作者的叫背面，向上的叫顶面，向下的叫底面，其余就是左右侧面。

（2）灰缝　上下向的灰缝称为竖缝，水平方向的灰缝称为横缝，如图5-1所示。

（3）石层　砖砌体有"皮"的区别，石砌体就叫作层。料石砌体层次分明，毛石砌体很难分层，但要求隔一定高度砌成一个接近水平的层次，如图5-2所示。

（4）顺石、丁石和面石　与砌体一样，我们把石料长边平行而外露于墙面的称为顺石；

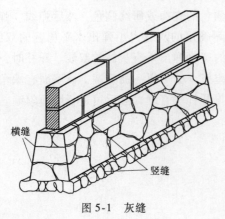

图 5-1　灰缝

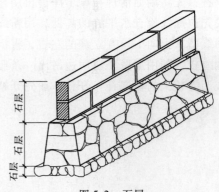

图 5-2　石层

长边与墙面垂直、横砌露出侧面或端面的称为丁石（也叫顶石），石砌体中露出石面的外层砌石称为面石，如图 5-3 所示。

（5）角石 角石又称为护角石，砌筑于石砌体的角隅处，要求至少有两个平正面且近于垂直的大面，如图 5-4 所示。

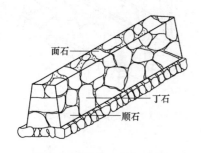

图 5-3 顺石、丁石、面石

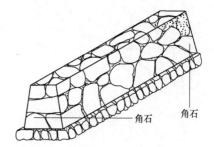

图 5-4 角石

（6）拉结石 横砌的丁石，其长度要求贯穿整个墙厚的 2/3 以上，最好是六面整齐的石料，而且具有一定的厚度，如图 5-5 所示。

（7）腹石、垫石 对于较大的石料砌体，主要用做嵌填石块、使之平正。特别是干砌毛石砌体，垫片是砌体的重要组成部分。腹石、垫石如图 5-6 所示。

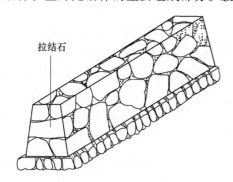

图 5-5 拉结石

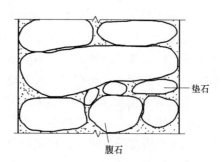

图 5-6 腹石、垫石

必备知识点 2 毛石砌体的组砌形式

（1）丁顺叠砌法 每上下两层石材，以一层丁石一层顺石且互成 90°角叠砌而成，如图 5-7 所示。适用于石料中既有毛石，又有条石和块石的情况。

（2）丁顺混合组砌法 每一层都以丁石或顺石连续组砌，其他空余部分以块石或乱毛石砌筑，如图 5-8 所示。适用于石料中既有毛石，又有条石和块石的情况。

（3）交错混合组砌法 石块是不规则的，所以它的砌缝也是不规则的，其外观也是多种多样的，如图 5-9 所示。适用于毛石占绝大多数的情况。

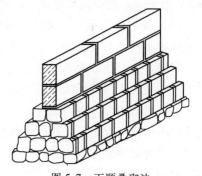

图 5-7 丁顺叠砌法

图 5-8　丁顺混合组砌法

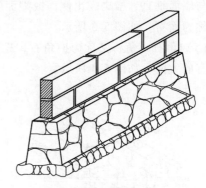

图 5-9　交错混合组砌法

必备知识点 3　毛石砌体施工质量通病

（1）石材材质不合格　石材质量不符合要求主要表现在：风化剥层、龟裂；形状过于细长、扁薄或尖锥，或者棱角不清、几乎成圆形；质地疏松、疵斑较多和敲击时发出"壳壳壳"的声音。这主要是由于石材的选用不当，加工运输中缺乏认真管理，乱毛石中未配平毛石等原因造成的。因此，砌筑用石材，应严格进行挑选，必要时对石进行粗加工；已经风化和有裂缝的石不能采用。

（2）基础不稳固　主要表现在地基松软不实，土壤表面有杂物，基础底皮石材局部嵌入土中，上皮石材明显未坐实。主要是由于地基处理草率，底层石材过小或将尖棱短边朝下，基础完成后未及时回填土，基槽浸水后地基下陷等原因造成的。因此，砌筑前必须处理好地基软土，对基槽进行清理、夯实平整；按施工规范的要求进行验槽，并办理隐检手续。

（3）大放脚上下层未压砌　大放脚收台阶处所砌石材未压在下皮石材上，下皮石缝外露，影响基础传力。产生这种质量问题除了操作中的原因外，还有毛石规格不符合要求、尺寸偏小、未大小搭配等。因此，砌筑时要严格遵守操作规程，按确定的组砌方法施工；砌筑基础大放脚的毛石尺寸应与大放脚尺寸相匹配。

（4）墙体垂直通缝　这是由于忽视了毛石的交搭，砌缝未错开，尤其在墙角处未改变砌法，以及留槎不正确等原因造成的。因此，墙体砌筑时一定要立好皮数杆，拉好准线，跟线进行砌筑。

（5）墙体不平或不垂直　砌筑操作未拉准线或未跟线砌筑，因此，砌筑操作时应先拉准线，跟线砌筑。在砌筑的过程中，要勤检查，勤用靠尺靠，同时要经常检查准线的准确性。

（6）砌体黏结不牢　砌体中石块和砂浆有明显的分离现象，掀开石块有时可发现平缝砂浆铺得不严，石块之间存在瞎缝。这是由于灰缝过厚，砂浆收缩；石块过分干燥，造成砂浆早期脱水；石块表面有垃圾和泥土黏结等原因造成的。因此，要求块石在使用前应用水冲洗干净，炎热天气要给块石适当浇水，一次砌筑高度控制在 1.2m 以内。

（7）墙面凹凸不平　墙面凹凸不平的产生原因可能是砌筑时未拉准线，或者是准线被石块顶出而没有发觉。砌筑时使用铲口石，砌成了夹心墙，砌筑高度超过规定而造成砌体变形。砌筑时必须经常检查准线，石料摆放要平稳，砂浆稠度要小，灰缝要控制在 2~3cm；施工安排要得当，每天砌筑高度不应超过 1.2m。

（8）勾缝砂浆黏结不牢 勾缝砂浆与石块黏结不牢，特别是凸缝砂浆脱落经常可见。这除了石块表面不洁净，降低了黏结力的原因外，砂子含泥量过大、砂粒过细、养护不及时等也是一个原因。因此，要求严格掌握好原材料的质量和砂浆配合比，石墙面要先行冲洗，勾缝完成后要及时养护。

必备知识点4 质量标准

1. 主控项目

1）石材和砂浆强度等级必须符合设计要求。

2）砂浆饱满强度不应小于80%。

3）转角处必须同时砌筑，交接处不能同时砌筑时必须留斜槎。

4）抽检数量：外墙，按楼层（或4m高以内）每20m抽查1处，每处3延长米，但不应少于3处；内墙按有代表性的自然间检查10%，但不应少于3间，每间不应少于2处，柱子不应少于5根。

2. 一般项目

1）抽检数量：外墙，按楼层（4m高以内）每20m抽查1处，每处3延长米，但不应少于3处；内墙，按有代表性的自然间抽查10%，但不应少于3间，每间不应少于2处，柱子不应少于5根。

2）石砌体的组砌形式应符合下列规定：

① 内外搭砌，上下错缝，拉结石、丁砌石交错设置。

② 毛石墙拉结石每0.7m²墙面不应少于1块。

3. 允许偏差

石砌体的轴线位置及垂直度允许偏差应符合表5-1的规定。石砌体的一般尺寸允许偏差应符合表5-2的规定。

4. 勾缝质量标准

1）外露面的灰缝厚度不得大于40mm，两个分层高度间分层处的错缝不得小于80mm。

2）石墙的勾缝要求嵌填密实、黏结牢固，不得有搭槎、毛疵、舌头灰等。凸缝应表面平整一致、花纹美观，其宽度与高度也要平整一致、外观舒畅。

表5-1 石砌体的轴线位置及垂直度允许偏差

项次	项目		允许偏差/mm							检验方法
			毛石砌体		料石砌体					
					毛料石		粗料石		细料石	
			基础	墙	基础	墙	基础	墙	墙、柱	
1	轴线位置		20	15	20	15	15	10	10	用经纬仪和尺检查，或用其他测量仪器检查
2	墙面垂直度	每层		20		20		10	7	用经纬仪、吊线和尺检查或用其他测量仪器检查
		全高		30		30		25	20	

表5-2 石砌体的一般尺寸允许偏差

项次	项目	允许偏差/mm							检验方法
		毛石砌体		料石砌体					
		基础	墙	基础	墙	基础	墙	墙、柱	
1	基础和墙砌体项面标高	±25	±15	±25	±15	±15	±15	±10	用水准仪和尺检查

（续）

项次	项目		允许偏差/mm						检验方法
		毛石砌体		料石砌体					
		基础	墙	基础	墙	基础	墙	墙、柱	
2	砌体厚度	±30	+20 −10	+30	+20 −10	+15	+10 −5	+10 −5	用尺检查
3	表面平整度 清水墙、柱	—	20	—	20	—	10	5	细料石用2m靠尺和楔形塞尺检查,其他用两直尺垂直于灰缝拉2m线和尺检查
	表面平整度 混水墙、柱	—	20	—	20	—	15	—	
4	清水墙水平灰缝平直度	—	—	—	—	—	10	5	拉10m线和尺检查

实践技能

实践技能1　毛石砌体的砌筑工艺与方法

毛石砌筑法分为坐浆法和挤浆法。

1. 毛石砌体砌筑工艺顺序

毛石砌体砌筑工艺顺序如图5-10所示。

图5-10　毛石砌体砌筑工艺顺序

2. 毛石砌体的砌筑方法

（1）坐浆法　坐浆法又称卧砌法。操作要点：先铺砂浆，再将毛石分层卧砌；砌时上下要错缝，内外搭接；灰缝厚度宜为20～30mm；第一层应用丁砌层，以后每砌二层后再砌一层丁砌层。

（2）挤浆法　先铺筑一层30～50mm厚的砂浆，然后放置石块嵌实，接着再铺浆，再砌上面一层石块。

3. 毛石砌体砌筑工艺与技术要求

（1）材料准备

1）毛石。其品种、规格、颜色必须符合设计要求和有关施工规范的规定，应有出厂合格证和抽样检测报告。

2）砂。宜用粗、中砂，用5mm孔径筛过筛；配置小于M5的砂浆，砂的含泥量不得超过10%；配置等于或大于M5的砂浆，砂的含泥量不得超过5%，不得含有草根等杂物。

3）水泥。一般采用32.5级或42.5级普通硅酸盐水泥或矿渣硅酸盐水泥，有出厂证明和复试单。如出厂日期超过3个月，应按复验结果使用。

4）水。应用自来水或不含有害物质的洁净水。

5）其他材料。拉结筋、预埋件应做防腐处理；石灰膏熟化时间不得少于7d。

（2）施工条件准备

1）砌毛石墙应在基槽和室内回填土完成以后进行，由于毛石比较笨重，应尽量双面搭设脚手架砌筑。

2）认真阅读图纸，明确门窗洞口、预留预埋件的位置和埋设方法，了解施工流水段，确定材料运输顺序和道路，避免二次搬运。

3）毛石墙无法像砖墙一样绘出皮数杆，一般为绘制线杆，线杆上表示出窗台、门窗上口、圈梁、过梁、预留洞、预埋件、楼板和檐口等，与皮数杆不同的仅是不绘出皮数。

4）检查原材料。砌毛石墙的原材料与砌毛石基础的要求一样，值得重视的是石块不能缺楞、少角和外形过于不规则。

5）检查基础顶面的墨线是否符合设计要求，标高是否达到规定要求。

（3）砌筑准备

1）放好基础的轴线和边线，测出水平标高，立好皮数杆。皮数杆间距以不大于 15m 为宜，在毛石基础的转角处和交接处均应设置皮数杆。

2）砌筑前，应将基础垫层上的泥土、杂物等清除干净，并浇水润湿。

3）拉线检查基础垫层表面标高是否符合设计要求。如第一皮水平灰缝厚度超过 20mm 时，应用细石混凝土找平，不得用砂浆或在砂浆中掺碎砖或碎石代替。

4）常温施工时，砌石前一天应将毛石浇水润湿。

（4）确定砌筑方法

1）采用角石的砌法。角石要选用三面都比较方正而且比较大的石块，缺少合适的石块时应该加工修整。角石砌好以后可以架线砌筑墙身，墙身的石块也要选基本平整的放在外面。选墙面石的原则是"有面取面，无面取凸"，同一层的毛石要尽量选用大小相近的石块，同一堵墙的砌筑，应把大的石块砌在下面，小的砌到上面，这样可以给人以稳定感。如果是清水墙，应该选取棱角较多的石块，以增加墙面的装饰美。

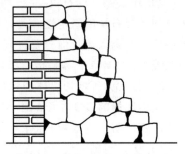

图 5-11 毛石墙的砖抱角砌法

2）采用砖抱角的砌法。砖抱角的做法如图 5-11 所示。

砖抱角是在缺乏角石材料，又要求墙角平直的情况下使用的。它不仅可用于墙的转角处，也可以使用在门窗口边。砖抱角的作法是在转角处（门窗口边）砌上一砖到一砖半的角，一般砌成五进五出的弓形槎。砌筑时应先砌墙身的五皮砖然后再砌毛石，毛石上口要基本与砖面平。待毛石砌完这一层后，再砌上面的五皮砖，上面的五皮砖要伸入毛石墙身半砖长，以达到拉结的要求。

（5）挂线、立皮数杆 毛石基础砌筑前要在龙门板上将基础中心线及边线引入基槽，并在基槽中钉好中心桩和边线桩，固定挂线架，再根据基槽宽度和台阶宽度拉好立线和准线（要挂双面线），如图 5-12 所示。

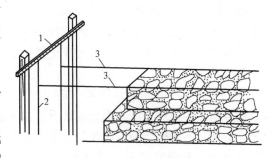

图 5-12 毛石墙体挂线
1—轴线钉 2—立线 3—水平线（卧线）

（6）砌筑要求 因毛石墙的砌筑要求比基础高，更应重视选石的工作，而且要注意大小石块搭配，避免把好石块在上半部用完，增加砌筑上部墙身时的困难。墙角的各层石块应互相压搭，不得留通缝，如图 5-13 所示。

毛石墙砌好一层以后，要用小石块填充墙体空隙，不能只填砂浆不填石块，也不能只填石块，使砂浆无法进入。墙身要考虑左右错缝，也要考虑里外咬接，要正确使用拉结石，避免砌成夹心墙。

毛石墙每天的砌筑高度不得超过1.2m，以免砂浆没有凝固，石材自重下沉造成墙身鼓肚或坍塌。接槎时要将槎口的砂浆和松动的石块铲除，洒水湿润，再将要接砌的石墙接上去。

砌筑毛石墙是把大小不规则的石块组砌成表面平整、花纹美观的砌体，是一项复杂的技术工作，只有不断反复实践才能达到理想的效果。

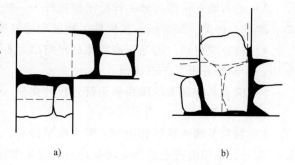

图 5-13　毛石墙的转角和接头
a）墙角　b）丁字接头
注：虚线表示下层石块位置

（7）砌筑要领

1）搭。砌毛石墙都是双面挂线、内外搭脚手架同时操作，要求里外两面的操作者配合默契。所谓搭，就是外面砌一块长石，里面就要砌一块短石，使石墙里外上下都能错缝搭接。

2）压。砌好的石块要稳，要承受得住上面的压力；上面的石块要摆稳，而且要以自重来增加下层石块的稳定性。砌好的石块要求"下口清、上口平"。"下口清"就是石块有整齐的棱边，砌入墙身前先要进行适当加工，打去多余的棱角，砌完后做到外口灰缝均匀，里口灰缝严。"上口平"是指留槎口里外要平，为上层砌石创造条件。

3）拉。为了增加墙体的稳定性和整体性，毛石墙每 0.7m² 要砌一块拉结石，拉结石的长度应为墙厚的 2/3。当墙厚小于 40cm 时，可使用长度与墙厚相同的拉结石，但必须做到灰缝严密，防止雨水顺石缝渗入室内。

4）槎。每砌一层毛石，都要给上一层毛石留出槎口，槎的对接要平，使上下层石块咬槎严密，以增加砌体的整体性。留槎口应防止出现硬蹬槎或槎口过小的现象，当砌到窗口、窗上口、圈梁底和楼板底等处时，应跟线找平。找平槎口留出高度应结合毛石尺寸，但不得小于 10cm，然后用小块石找平。

5）垫。毛石砌体要做到砂浆饱满，灰缝均匀。由于毛石本身的不规则性，造成灰缝的厚薄不同，砂浆过厚，砌体容易产生压缩变形；砂浆过薄或块石之间直接接触，容易应力集中，影响砌体强度，因此在灰缝过厚处要用石片垫塞，石片要垫在里口不要垫在外口，上下都要填抹砂浆。

（8）收尾工作　砌筑结束时，要把当天砌筑的墙都勾好砂浆缝，并根据设计要求的勾缝形式来确定勾缝的深度。当天勾缝，砂浆强度还很低，操作容易。当天勾缝既是补缝又是抠缝，对砂浆不足处要补嵌砂浆，对于多余的砂浆则应抠掉，可以采用抿子、溜子等作业。墙缝抹完后，可用钢丝刷、竹丝扫帚等清刷墙面，以使石面能以其美观的天然纹理面向外侧。

实践技能 2　毛石墙砌筑的勾缝

毛石墙砌筑的勾缝工艺顺序：清理墙面、扣缝→确定勾缝形式→拌制砖浆→勾缝。

1. 毛石墙砌筑的勾缝工艺顺序

毛石墙砌筑的勾缝工艺顺序如图 5-14 所示。

2. 毛石墙砌筑的勾缝技术及其要求

（1）清理墙面、抠缝　勾缝前用竹扫帚将墙面清扫干净，洒水润湿。

清理墙面、抠缝 → 确定勾缝形式 → 拌制砂浆 → 勾缝

图 5-14　毛石墙砌筑的勾缝工艺顺序

（2）拌制砂浆　勾缝一般使用 1:1 水泥砂浆，稠度 4～5cm，砂子可采用粒径为 0.3～1mm 的细砂，一般可用 3mm 孔径的筛子过筛。因砂浆用量不多，一般采取人工拌制。

（3）勾缝。勾缝应自上而下进行，先勾水平缝后勾竖缝。如果原组砌的石墙缝纹路不好看时，也可增补一些砌筑灰缝，但要补得好看可另在石面上做出一条假缝，不过这只适用于勾凸缝的情况。

1）勾平缝。用勾缝工具把砂浆嵌入灰缝中，要嵌塞密实，缝面与石面相平，并把缝面压光。

2）勾凸缝。先用小抿子把勾缝砂浆填入灰缝中，将灰缝补平，待初凝后抹上第二层砂浆，第二层砂浆可顺着灰缝抹 0.5～1cm 厚，并盖住石棱 5～8mm，待收水后，将多余部分切掉，但缝宽仍应盖住石棱 3～4mm，并要将表面压光压平，切口溜光。

3）勾凹缝。灰缝应抠进 20mm 深，用特制的溜子把砂浆嵌入灰缝内，要求比石面深10mm 左右，将灰缝面压平溜光。

如果砌墙时没有抠好缝，就要在勾缝前抠缝，并确定抠缝深度，一般是勾平缝的墙缝要抠深 5～10mm；勾凹缝的墙缝要抠深 20mm；勾三角凸和半圆凸缝的要抠深 5～10mm；勾平凸缝的，一般只要稍比墙面凹进一点就可以。

实例提示

确定勾缝形式

勾缝形式一般由设计决定。凸缝可增加砌体的美观，但比较费力；凹缝常使用于公共建筑的装饰墙面；平缝使用最多，但外观不漂亮，用于挡土墙、护坡等最适宜。各种勾缝形式如图 5-15 所示。

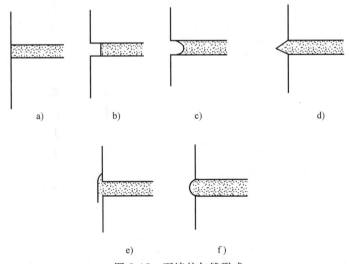

图 5-15　石墙的勾缝形式

a）平缝　b）平凹缝　c）半圆形凹缝　d）三角形凸缝　e）平凸缝　f）半圆形凸缝

小经验

砖砌体的质量要求有哪些?

答:(1)横平竖直。砖砌体的灰缝应做到横平竖直、薄厚均匀。水平灰缝的厚度应该不小于8mm,也不大于12mm,适宜厚度为10mm。

(2)砂浆饱满。砌体水平灰缝的砂浆饱满度不得小于80%。

(3)上下错缝。砖砌体的砖块之间要错缝搭接,错缝长度一般不小于60mm。

(4)接槎可靠。砖砌体的转角处和交接处应同时砌筑,严禁无可靠措施的内外墙分砌施工。对于不能同时砌筑而又必须留置的临时间断处应砌成斜槎,以保证接槎部位的砂浆饱满,斜槎的水平投影长度不应小于高度的2/3。

第6章

砌块砌体的砌筑

必备知识点

必备知识点1 砌块材料的构造要求

1）对室内地面以下的砌体，应采用普通混凝土小砌块和不低于 Mb5 的水泥砂浆。

2）五层及五层以上民用建筑的底层墙体，应采用不低于 MU5 的混凝土小砌块和 Mb5 的砌筑砂浆。

3）在墙体的下列部位，应用 Cb20 混凝土灌实砌块的孔洞：

① 底层室内地面以下或防潮层以下的砌体。

② 无圈梁的支承面下的一皮砌块。

③ 没有设置混凝土垫块的屋架、梁等构件支承面下，高度不应小于 600mm，长度不应小于 600mm 的砌体。

④ 挑梁支承面下，距墙中心线每边不应小于 300mm，高度不应小于 600mm 的砌体。

必备知识点2 砌块砌体施工质量通病与防治

砌块砌体施工质量通病及其防治措施见表 6-1

表 6-1　砌块砌体施工质量通病及其防治措施

序号	质量通病	产生原因	防治措施
1	砌体黏结不牢	砌块浇水、清理不彻底，砌筑时一次铺砂浆的面积过大，校正不及时	砌块在砌筑使用前 2d，应根据砌块的不同要求充分浇水湿润，随吊运（或操作）将砌块表面清理干净；砌块就位后应及时校正，紧跟着用砂浆（或细石混凝土）灌竖缝
2	第一皮砌块底铺砂浆不均匀	基底未事先用细石混凝土找平标高，造成砌筑时灰缝的厚度不一	砌筑前要根据已放出的水平标高准线检查基底的标高情况，然后按照施工方案的要求砌筑基底找平
3	拉结钢筋或压砌钢筋网片不符合设计要求	事先技术交底不清，现场施工执行不严	施工前应按设计或施工规范的要求，进行口头和书面的技术交底，使施工人员对设置拉结带和拉结钢筋及压砌钢筋网片的技术要求有清楚的认识
4	砌体错缝不符合设计施工规范的要求	事先未绘制砌块排列组砌图，或不按组砌图施工	施工前，应根据使用砌块的具体规格尺寸，结合现场的实际情况给出砌块排列组砌图，并向施工人员进行详细的技术交底，施工过程中要严格按图施工

(续)

序号	质量通病	产生原因	防治措施
5	砌体的尺寸偏差超过规定	皮数杆不准确,砌筑时控制灰缝的厚度不准	严格按照测控的标高准线支立皮数杆,砌筑时要严格控制灰缝的厚度保持一致
6	丁字墙、十字墙等接槎出现通缝	组砌混乱,操作人员忽略组砌形式,排砖时没有全墙通排就砌筑;或上下皮砖在丁字墙、十字墙处错缝搭砌没有排好砖	熟悉掌握组砌形式,增强工作责任心,作好排砖摆底的工作
7	墙面凹凸不平、水平缝不直	砌筑墙体长度较长,拉线不紧产生下坠,中间未定线,风吹长线摆动	加强操作人员的责任心,砌筑两端紧线和中间定线要专人负责,勤紧线勤检查,挂线长度不超过10m;每砌筑500mm高左右要用托线板检查一次垂直度

必备知识点 3 质量标准

1. 主控项目

1)小砌块和砂浆的强度等级必须符合设计要求。小砌块抽检数量:每一生产厂家,每1万块小砌块至少应抽检1组;用于多层以上建筑基础和底层的小砌块抽检数量不应少于2组。砂浆试块的抽检数量:每一检验批且不超过250m³砌体的各种类型及强度等级的砌筑砂浆,每台搅拌机应至少抽检一次。检验方法:查小砌块和砂浆试块试验报告。

2)砌体水平灰缝的砂浆饱满度,应按净面积计算,且不得低于90%;竖向灰缝饱满度不得小于80%;竖向缝凹槽部位应用砌筑砂浆填实,不得出现瞎缝、透明缝。抽检数量:每检验批不应少于3处。检验方法:用专用百格网检测小砌块与砂浆黏结痕迹,每处检测3块小砌块,取其平均值。

3)墙体转角处和纵横墙交接处应同时砌筑。临时间断处应砌成斜槎,斜槎水平投影长度不应小于高度的2/3。抽检数量:每检验批抽20%接槎,且不应少于5处。检验方法:观察检查。

2. 一般项目

砌体的水平灰缝厚度和竖向灰缝宽度宜为10mm,不应大于12mm,也不应小于8mm。抽检数量:每层楼的检测点不应少于3处。检验方法:用尺量5皮小砌块的高度和2m砌体长度折算。

3. 允许偏差

砌体的轴线偏移和垂直度偏差应按表6-2的规定执行。小砌块墙体的一般尺寸允许偏差应按表6-3的规定执行。

抽检数量:轴线查全部承重墙柱;外墙垂直度全高查阳角,不应少于4处,每层每20m查一处;内墙按有代表性的自然间抽10%,但不应少于3间,每间不应少于2处,柱不少于5根。

表6-2 混凝土小砌块砌体的轴线及垂直度允许偏差

序号	项目			允许偏差/mm	检验方法
1	轴线位置偏移			10	用经纬仪和尺检查或用其他测量仪器检查
2	垂直度	每层		5	用2m托线板检查
		全高	≤10m	10	用经纬仪、吊线和尺检查,或用其他测量仪器检查
			>10m	20	

表 6-3 小砌块砌体一般尺寸允许偏差

序号	项目		允许偏差/mm	检验方法	抽检数量
1	基础顶面和楼面标高		±15	用水平仪和尺检查	不应少于 5 处
2	表面平整度	清水墙、柱	5	用 2m 靠尺和楔形塞尺检查	有挖根生自然间 10%，但不应少于 3 间，每间不应少于 2 处
		混水墙、柱	8		
3	门窗洞口高、宽（后塞口）		±5	用尺检查	检验批洞口的 10%，且不应少于 5 处
4	外墙上下窗口偏移		20	以底层窗口为准，用经纬仪或吊线检查	检验批的 10%，且不应少于 5 处
5	水平灰缝平直度	清水墙	7	拉 10m 线和尺检查	有挖根生自然间 10%，但不应少于 3 间，每间不应少于 2 处

实践技能

实践技能 1 砌块的错缝搭接

砌块建筑的墙体构造分为砌块的错缝搭接、圈梁的设置、加强楼板与砌块的锚固和门窗与砌体的连接。

（1）砌体上、下皮错缝搭接 每层按多皮分法的砌块建筑，在墙面中，砌块排列的搭接长度需要予以保证；上、下皮要有一定错缝长度，一般应为砌块长度的 1/2，最少不能小于砌块高度的 1/3。如果不能满足搭接长度，可采用两根长度为 600mm、直径为 4mm 的钢筋和三根直径为 4mm 的短钢筋点焊成的钢筋网片搭接补强。

（2）纵、横墙交错搭接。纵、横墙交错搭接形式如图 6-1 所示。

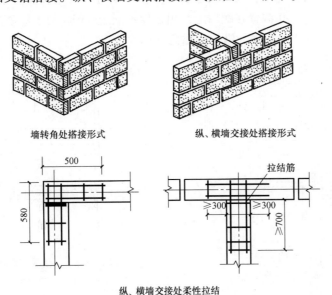

墙转角处搭接形式　　纵、横墙交接处搭接形式

纵、横墙交接处柔性拉结

图 6-1 纵、横墙交错搭接形式

墙转角处及纵横墙交接处均需相互搭接，以保证相互拉结牢固。纵、横墙如不能采用刚

性砌合时，它们之间的柔性拉结条可采用直径6mm以下的钢筋制成的点焊网片补强，每两皮砌块拉一道。对于空心砌块的砌筑，应注意使其孔洞在转角处和纵、横墙交接处上下对准贯通，在竖孔内灌筑混凝土成为构造小柱（图6-2）。亦可在竖孔内插入直径为8～12mm的钢筋，增强建筑物的整体刚度，有利于抗震。

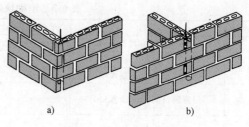

图 6-2　构造小柱示意图

实践技能 2　圈梁的设置

在砌块建筑中，由于砌块比较大，砂浆灰缝应力集中，抗剪和抗拉强度比砖砌体低，裂缝出现更集中于灰缝内，其宽度比砖砌体大。因此，在设计中，对地基不均匀沉降或钢筋混凝土平屋面在温度影响下的变形要予以重视。设置圈梁可以克服由于地基不均匀沉降和温度变形所导致的墙体裂缝，同时也加强了整体刚度，有利于抗震。

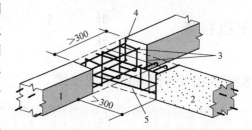

图 6-3　预制圈梁现浇整体接头
1—横梁　2—纵梁　3，5—主钢筋　4—箍筋

钢筋混凝土圈梁除整体现浇外，亦可采用预制圈梁伸出钢筋现浇整体接头的方法来提高装配化施工程度，如图6-3所示。

实践技能 3　加强楼板与砌体的锚固

为了加强楼板和墙体的结合，当楼板搁置在横墙上时，可用直径不小于6mm的钢筋配置在预制楼板的板缝中，并搁置在横墙上，用强度不低于5MPa的水泥砂浆灌筑密实，使楼板与横墙锚固（图6-4）并加强与纵墙的锚固（图6-5）。

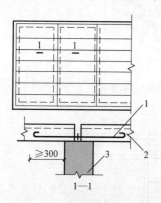

图 6-4　楼板与横墙锚固
1—钢筋　2—楼板　3—纵墙

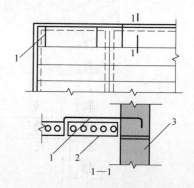

图 6-5　楼板与纵墙锚固
1—钢筋　2—预制楼板　3—横墙

实践技能 4　门、窗与砌体的连接

对于混凝土空心砌块，为了方便门、窗与砌体的连接，可在砌块内预埋木砖，或在砌块

缝槽内镶入木榫。有的地区砌块建筑的门窗不留脚头，砌块中亦不预埋木砖，用 4in（101.6mm）钉每 300mm 间距钉入楔子，将钉脚打弯嵌入砌块端头竖向小槽内，用砌筑砂浆从门窗楔两侧嵌入。门窗与空心砌块的结合如图 6-6 所示。

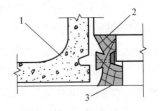

图 6-6 门窗与空心砌块的结合
1—空心砌块 2，3—门窗框

实践技能5 混凝土小型空心砌块施工操作要点

1. 混凝土小型空心砌块墙的施工工艺流程

混凝土小型空心砌块墙的施工工艺流程，如图 6-7。

图 6-7 混凝土小型空心砌块墙的施工工艺流程

2. 混凝土小型空心砌块墙的施工技术及其操作要点

（1）材料准备 进场的砌块要经过验收，应按设计要求选择合格的砌块产品。砂浆用的水泥、中砂、石灰膏、外加剂等应符合相关的质量要求。施工时所用的小砌块的产品龄期应不小于 28d。

（2）工具准备 塔吊、卷扬机及井架、搅拌机、翻斗车、吊斗、砖笼、手推车、大铲、小撬棍、筛子、瓦刀、托线板、线坠、水平尺、工具袋等。

（3）技术准备

1）听取技术人员的技术交底和安全交底，熟悉、了解相关设计图纸的内容。

2）听取砌体节点组砌的具体要求。

（4）作业条件准备

1）做完主体承重结构工程，并办好隐检预检手续。

2）将基底清理干净后，放好结构轴线、墙边线、门窗洞口线，并经复核，办理预检手续。

3）按操作要点要求，找好标高，立好皮数杆。皮数杆宜用 30mm×40mm 木料制作，皮数杆上应注明门窗洞口、木砖、拉结钢筋、圈梁、过梁的尺寸和标高。皮数杆间距为 15～20m，转角处均应设立，一般距墙皮或墙角 50mm 为宜。皮数杆应垂直、牢固、标高一致。根据下一皮砖的标高，拉通线检查基底标高，如水平灰缝的厚度超过 20mm 应用细石混凝土找平，不得用砂浆找平或砍砖垫平。

4）搭设好操作和卸料架子。

5）申请砂浆配合比，并准备好砂浆试模。

（5）排砖摆底 预排砌块时应尽量采用主规格，从转角或定位处开始向一侧进行，内外墙同时排砖。纵横墙交错搭接处、T 形、十字形砌体交接处，若有辅助砌块应尽量使用。要求砌块应对孔错缝搭砌，搭接长度不应小于 90mm。若个别部位不能满足该要求时，应在灰缝中设置拉结钢筋或钢筋网片，但竖向通缝不得超过两皮砌块。

（6）铺砂浆

1）小型混凝土空心砌块以采用水泥混合砂浆砌筑为宜，砂浆稠度为 50～70mm，砂浆的分层度应控制在 20mm 以内。

2）砂浆应随拌随用，水泥砂浆和水泥混合砂浆应分别在 3h 和 4h 之内使用完毕。

（7）砌筑空心砌块

1）砌筑前，一般不需浇水润湿，天气炎热干燥时，可在用前喷水润湿。

2）应采用底面（即大面，为了制作抽模方便，一般芯模上大下小，致使砌块制作时底端的边肋、中肋较厚）朝上的"反砌"方法。水平灰缝应采用坐浆法铺浆（可采用专用盖孔套板铺浆，以减少砂浆落孔数量），砂浆饱满度按边肋、中肋的净面积计算不应低于90%。竖向灰缝应采用加浆的方法，可将许多砌块的铺浆端面朝上紧密排列后，在上面铺放砂浆，然后再将砌块一块块上墙组砌；当砌块的一个端面有凹槽时，应在有凹槽的端面加浆，将其与无凹槽的端面共同组成一个竖缝；竖向灰缝的砂浆饱满率应不低于80%。

3）砌筑顺序可参考砖砌筑的方法先从外墙转角处或定位处开始盘角，然后拉准线砌筑中间墙。中间墙的砌筑一定要"上跟线、下跟棱，左右相邻要对平"，随砌随检查，以免误差累积，造成纠正困难。

4）应对孔错缝搭接，上下皮相错主规格砌块长度的1/2，个别情况无法做到孔对孔、肋对肋砌筑时，允许错孔砌筑，但上下皮竖缝相错的最小搭接长度应不小于90mm；否则，应在砌块的水平灰缝内设置两根6mm的HPB300级钢筋作拉结钢筋或设置4mm的焊接钢筋网片（图6-8），其总长度应不小于700mm；竖向通缝不得超过两皮小砌块。

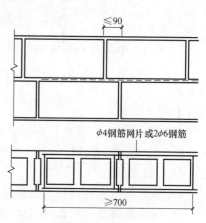

图6-8　混凝土空心砌块墙灰缝中设置拉结钢筋或网片

5）砌块墙转角处的纵横墙砌块应采用隔皮相互搭砌的方法（见"实例提示"中图6-15）。T字接头处的内墙端头砌块应采用隔皮外露的搭砌方法。而此处的直通墙，无芯柱时可隔皮采用两块一孔半的辅助规格砌块或一块三孔砌块砌筑（见"实例提示"中图6-16）；有芯柱时，则应采用一块三孔的大规格砌块砌筑（见"实例提示"中图6-17）。十字接头处，纵横墙均应隔皮采用一块三孔大规格的砌块砌筑，无芯柱时也可隔皮采用两块一孔半的砌块砌筑。承重墙体严禁使用断裂小砌块。

6）块墙的转角处和交接处应同时砌筑，如不能同时砌筑时应留斜槎，斜槎长度应等于或大于斜槎高度（图6-9）。在非抗震设防地区，除外墙转角处外，其余临时间断处也可留伸出墙面200mm的"直阳槎"，但必须每隔三皮砌块高就要在其水平灰缝中设置两根6mm的拉结钢筋，拉结钢筋埋入纵横墙内的长度，从接槎处算起每边不少于600mm，钢筋外露

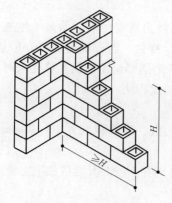

图6-9　空心砌块墙斜槎

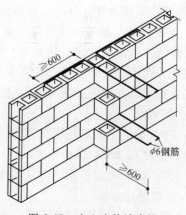

图6-10　空心砌块墙直槎

部分不得任意弯折，如图6-10所示。后砌隔墙或填充墙留槎要求同上。

7）砌块墙表面不得预留或打凿水平沟槽，对设计规定的洞口、管道、沟槽及预埋件，应在墙体砌筑时预留和预埋，不得在砌块墙砌完后再打洞、凿槽。需要在墙上留脚手眼时，可用辅助规格的单孔砌块侧砌，利用其空间作脚手眼，墙体完工后用不低于C15的混凝土填实。

8）设置的施工洞口，其边侧离墙体交接处应不小于600mm，施工洞口上方应设置过梁；填筑临时洞口的砂浆强度等级宜提高一级。

9）下列部位应采用C20的混凝土灌实孔洞后的砌块砌筑，以便提高砌块墙的承载能力：底层室内地面或防潮层以下的砌体；无圈梁的楼板支承面下的顶皮砌块；无梁垫的次梁支承处，宽度不小于600mm，高度不小于一皮砌块高的范围内；挑梁悬挑长度不小于1.2m时，其支承部位的内外墙交接处，宽度为纵横墙均3个孔洞，高度不小于三皮砌块高的范围内。

10）动已砌好的砌块时，应清除原有砂浆，重新铺砂浆砌筑。空心砌块墙每天的砌筑高度应控制在1.5m或一步脚手架高度内。确保小砌块砌体的砌筑质量的关键是做到对孔、错缝、反砌。所谓对孔，即上皮小砌块的孔洞对准下皮小砌块的孔洞，上、下皮小砌块的壁、肋可较好传递竖向荷载，保证砌体的整体性及强度。所谓错缝，即上、下皮小砌块错开砌筑（搭砌），以增强砌体的整体性。所谓反砌，即砌块的底面朝上，因为在制造时，为了便于脱模，砌块壁、肋的厚度上小下大，反砌可以使砌块与砂浆接触面更大，易于铺放砂浆和保证水平灰缝砂浆的饱满度。

（8）勾缝清理 每当砌完一块空心砌块，应随即进行灰缝的原浆勾缝，勾缝深度一般为3~5mm。砌筑小砌块时，应清除表面污物和芯柱用小砌块孔洞底部的毛边，剔除外观质量不合格的小砌块。施工时所用的砂浆，宜选用专用的小砌块砌筑砂浆，浇灌芯柱的混凝土，宜选用专用的小砌块灌孔混凝土，当采用普通混凝土时，其坍落度应不小于90m。

实践技能6 混凝土芯柱施工

1. 芯柱的设置

1）墙体设置芯柱的部位，见表6-4。

表6-4 墙体宜设置芯柱的部位

序号	设置部位及其要求
1	在外墙转角、楼梯间四角的纵横墙交接处的三个孔洞，宜设置素混凝土芯柱
2	五层及五层以上的房屋，应在上述的部位设置钢筋混凝土芯柱

2）芯柱的构造要求，见表6-5。

表6-5 芯柱的构造要求

序号	构造要求
1	芯柱截面面积不宜小于120mm×120mm，宜用不低于Cb20的细石混凝土浇灌
2	钢筋混凝土芯柱每孔内插竖筋不应小于110mm，底部应伸入室内地面以下500mm或与基础圈梁锚固，顶部与屋盖圈梁锚固
3	在钢筋混凝土芯柱处，沿墙高每隔600mm应设φ4钢筋网片拉结，每边伸入墙体不小于600mm，如图6-11所示
4	芯柱应沿房屋的全高贯通，并与各层圈梁整体现浇，可采用图6-12所示的做法 在6~8度抗震设防的建筑物中，应按芯柱位置要求设置钢筋混凝土芯柱；对医院、教学楼等横墙较少的房屋，应根据房屋增加一层，按表6-6的要求设置芯柱

（续）

序号	构造要求
4	芯柱竖向插筋应贯通墙身且与圈梁连接；插筋不应小于 φ12。芯柱应伸入室外地下 500mm 或锚入浅于 500mm 基础圈梁内。芯柱混凝土应贯通楼板，当采用装配式钢筋混凝土楼板时，可采用图 6-12 的方式采取贯通措施 抗震设防地区芯柱与墙体连接处，应设置 φ4 钢筋网片拉结，钢筋网片每边伸入墙内不宜小于 1m，且沿墙高每隔 600mm 设置

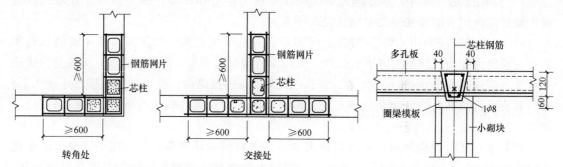

图 6-11　钢筋混凝土芯柱处拉筋　　　　图 6-12　芯柱贯穿楼板的构造

表 6-6　抗震设防地区混凝土小型空心砌块房屋芯柱设置要求

房屋层数				设置部位	设置数量
6 度	7 度	8 度	9 度		
四、五	三、四	二、三		外墙转角，楼、电梯间四角，楼梯斜梯段上下端对应的墙体处 大房间内外墙交接处 错层部位横墙与外纵墙交接处 隔12m 或单元横墙与处纵墙交接处	外墙转角，灌实 3 个孔 内外墙交接处，灌实 4 个孔 楼梯斜段上下端对应的墙体处，灌实 2 个孔
六	五	四		同上 隔开间横墙（轴线）与外纵墙交接处	
七	六	五	二	同上 各内墙（轴线）与外墙交接处 内纵墙与横墙（轴线）交接处和洞口两侧	外墙转角，灌实 5 个孔 内外墙交接处，灌实 4 个孔 内墙交接处，灌实 4～5 个孔 洞口两侧各灌实 1 个孔
	七	≥六	≥三	同上 横墙内芯柱间距不大于 2m	外墙转角，灌实 7 个孔 内外墙交接处，灌实 5 个孔 内墙交接处，灌实 4～5 个孔 洞口两侧各灌实 1 个孔

注：外墙转角、内外墙交接处、楼电梯间四角等部位，应允许采用钢筋混凝土构造柱代替部分芯柱。

2. 芯柱的施工

1）当设有混凝土芯柱时，应按设计要求设置钢筋，其搭接接头长度不应小于 $40d$。芯柱应随砌随灌随捣实。

2）当砌筑无楼板墙时，芯柱钢筋应与上、下层圈梁连接，并按每一层进行连续浇筑。

3）混凝土芯柱宜用不低于 Cb15 的细石混凝土浇灌。钢筋混凝土芯柱宜用不低于 Cb15 的细石混凝土浇灌，每孔内插入不小于 1φ10 钢筋，钢筋底部伸入室内地面以下 500mm 或与基础圈梁锚固，顶部与屋盖圈梁锚固。

4）在钢筋混凝土芯柱处，沿墙高每隔 600mm 应设 φ4 钢筋网片拉结，每边伸入墙体不小于 600mm。

5）芯柱部位宜采用不封底的通孔小砌块，当采用半封底小砌块时，砌筑前应打掉孔洞毛边。

6）混凝土浇筑前，应清理芯柱内的杂物及砂浆，用水冲洗干净，校正钢筋位置，并绑扎或焊接固定后，方可浇筑。浇筑时，每浇灌 400～500mm 高度捣实一次，或边浇灌边捣实。混凝土芯柱的第一皮砌块排列如图 6-13 所示。

7）芯柱混凝土的浇筑，必须在砌筑砂浆强度大于 1MPa 以上时，方可进行浇筑。同时要求芯柱混凝土的坍落度控制在 120mm 左右。

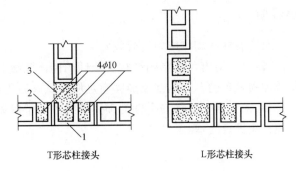

T形芯柱接头　　　　　L形芯柱接头

图 6-13　芯柱位置第一皮砌块排列
1—开口砌块　2—清扫口　3—C20 填芯混凝土

实例提示

混凝土小型空心砌块墙的组砌形式

混凝土空心砌块的主规格为 390mm × 190mm × 190mm 的双孔砌块，其墙厚等于砌块宽度 190mm，其立面的组砌形式只有全顺砌法一种，即各皮砖均为顺砌，上下皮砌块竖缝相互错开 1/2 砌块长，上下皮的砌块孔洞沿全高对齐，施工时可根据设计要求在小砌块墙体的孔洞内浇灌混凝土芯柱。辅助规格有 290mm × 190mm × 190mm 的一孔半砌块或 590mm × 190mm × 190mm 的三孔砌块，用于砌块墙 T 字接头处或十字接头处。混凝土空心砌块墙的砌筑形式如图 6-14 所示，转角砌法如图 6-15 所示，T 字交接处砌法（无芯柱）如图 6-16 所示，T 字交接处砌法（有芯柱）如图 6-17 所示。

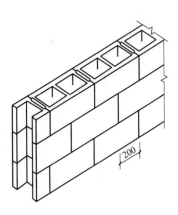

图 6-14　空心砌块墙的砌筑形式

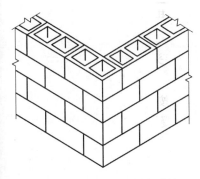

图 6-15　空心砌块墙转角砌法

图 6-16　空心砌块墙 T 字形交接处砌法（无芯柱）

图 6-17　空心砌块墙 T 字形交接处砌法（有芯柱）

小经验

对有裂缝的砌体应如何验收？

答：1）对有可能影响结构安全性的砌体裂缝，应由有资质的检测单位检测鉴定，需返修或加固处理的，待返修或加固满足使用要求后进行二次验收。

2）对不影响结构安全性的砌体裂缝，应予以验收，对明显影响使用功能和观感质量的裂缝，应进行处理。

第7章

砌筑工施工安全技术

必备知识点

必备知识点1 安全与安全生产及安全生产管理的基本概念

1. 安全生产的概念

安全，是指预知人类在生产和生活各个领域存在的固有的或潜在的危险，并且为消除这些危险所采取的各种方法、手段和行动的总称。

安全生产，是指在劳动生产过程中，通过努力改善劳动条件，克服不安全因素，防止伤亡事故发生，使劳动生产在保障劳动者安全健康和国家财产及人民生命财产不受损失的前提下顺利进行。它涵盖了三个方面，即：对象、范围和目的。

（1）安全生产的对象包含人和设备等一切不安全因素，其中人是第一位的。消除危害人身安全健康的一切不良因素，保障职工的安全和健康，使其舒适地工作，称之为人身安全；消除损坏设备、产品和其他财产的一切危险因素，保证生产正常进行，称之为设备安全。

（2）安全生产的范围覆盖了各个行业、各种企业以及生产、生活中的各个环节。

（3）安全生产的目的，则是使生产在保证劳动者安全健康和国家财产及人民生命财产安全的前提下顺利进行，从而实际经济的可持续发展，树立企业文明生产的良好形象。

2. 安全生产管理的概念

安全生产管理是管理的重要组成部分，是安全科学的一个分支。所谓安全生产管理，是指经营管理者对安全生产工作进行的策划、组织、指挥、协调、控制和改进的一系列活动，目的是保证在生产经营活动中的人身安全、财产安全，促进生产的发展，保持社会的稳定。

安全生产管理包括安全生产法制管理、行政管理、监督检查、工艺技术管理、设备设施管理、作业环境和条件管理等。

安全生产管理的基本对象是企业的员工，涉及企业中的所有人员、设备设施、物料、环境、财务、信息等各个方面。

安全生产管理的目标是：减少和控制危害，减少和控制事故，尽量避免生产过程中由于事故所造成的人身伤害、财产损失、环境污染以及其他损失。

生产过程中的安全是生产发展的客观需要，特别是现代化生产，更不允许有所忽视，必须强化安全生产，在生产活动中把安全工作放在第一位，尤其当生产与安全发生矛盾时，生产要服从安全，这是安全第一的含义。

在社会主义国家里，安全生产又有其重要意义，它是国家的一项重要政策，是社会主义企业管理的一项重要原则，这是社会主义制度性质决定的。

长期以来，安全生产一直是我国的一项基本国策，是保护劳动者安全健康和发展生产力的重要工作，同时也是维护社会安定团结，促进国民经济稳定、持续、健康发展的基本条件，是社会文明程度的重要标志。

3. 安全生产管理的主要任务

1）贯彻落实国家安全生产法规，落实"安全第一、预防为主"的安全生产、劳动保护方针。

2）制定安全生产的各种规程、规定和制度，并认真贯彻实施。

3）制定并落实各级安全生产责任制。

4）积极采取各项安全生产技术措施，保障职工有一个安全、可靠的作业条件，减少和杜绝各类事故。

5）采取各种劳动卫生措施，不断改善劳动条件和环境，防止和消除职业病及职业危害，做好女工和未成年工的特殊保护，保障劳动者的身心健康。

6）定期对企业各级领导、特种作业人员和所有职工进行安全教育，强化安全意识。

7）及时完成各类事故的调查、处理和上报。

8）推动安全生产目标管理，推广和应用现代化安全管理技术与方法，深化企业安全管理。

必备知识点2　现代安全生产管理原理与原则

安全生产管理作为管理的主要组成部分，遵循管理的普遍规律，既服从管理的基本原理与原则，又有其特殊的原理与原则。

安全生产管理的原理和原则是从生产管理的共性出发，对生产管理中安全工作的实质内容进行科学分析、综合、抽象与概括所得出的安全生产管理规律。现代安全生产管理的原理与原则有以下几条：

（1）系统原理　系统原理是现代管理学的一个最基本原理。它是指人们在从事管理工作时，运用系统理论、观点和方法，对管理活动进行充分的系统分析，以达到管理的优化目标，即用系统论的观点、理论和方法来认识和处理管理中出现的问题。

安全生产管理系统是生产管理的一个子系统，包括各级安全管理人员、安全防护设备与设施、安全管理规章制度、安全生产损失规范和规程以及安全生产管理信息等。安全贯穿于生产活动的方方面面，安全生产管理是全方位、全天候且涉及全体人员的管理。

（2）人本原理　在管理中必须把人的因素放在首位，体现以人为本的指导思想，这就是人本原理。

（3）预防原理　安全生产管理工作应该做到预防为主，通过有效的管理和技术手段，减少和防止人的不安全行为和物的不安全状态，这就是预防原理。在可能发生人身伤害、设备或设施损坏和环境破坏的场合，事先采取措施，防止事故发生。

（4）强制原理　采取强制管理的手段控制人的意愿和行为，使个人的活动、行为等受到安全生产管理要求的约束，从而实现有效的安全生产管理，这就是强制原理。

必备知识点 3 在安全生产管理中，运用系统原理的原则

（1）动态相关性原则 动态相关性原则告诉我们，构成管理系统的各要素是运动和发展的，它们相互联系又相互制约。如果管理系统的各要素都处于静止状态，就不会发生事故。

（2）整分合原则 高效的现代安全生产管理必须在整体规划下明确分工，在分工基础上有效综合，这就是整分合原则。运用整分合原则，要求企业管理者在制定整体目标和进行宏观决策时，必须将安全生产纳入其中，在考虑资金、人员和体系时，都必须将安全生产作为一项重要内容考虑。

（3）反馈原则 反馈是控制过程中对控制机构的反作用。成功、高效的管理，离不开灵活、准确、快速的反馈。企业生产的内部条件和外部环境在不断变化，所以必须及时捕获、反馈各种安全生产信息，以便及时采取行动。

（4）封闭原则 在任何一个管理系统内部，管理手段、管理过程等必须构成一个连续封闭的回路，才能形成有效的管理活动，这就是封闭原则。在企业安全生产中，各管理机构之间、各种管理制度和方法之间，必须紧密联系，形成相互制约的回路，才能有效。

必备知识点 4 在安全生产管理中，运用人本原理的原则

（1）动力原则 推动管理活动的基本力量是人，管理必须有能够激发人的工作能力的动力，这就是动力原则。对于管理系统，有三种动力，即：物质动力、精神动力和信息动力。

（2）能级原则 单位和个人都具有一定的能量，并且可以按照能量的大小顺序排列，形成管理的能级，就像原子中电子的能级一样。在管理系统中，应建立一套合理的能级，根据单位和个人能量的大小安排其工作，发挥不同能级的能量，以保证结构的稳定性和管理的有效性。

（3）激励原则 管理中的激励就是利用某种外部诱因的刺激，调动人的积极性和创造性。以科学的手段，激发人的内在潜力，使其充分发挥积极性、主动性和创造性，这就是激励原则。人的工作动力来源于内在动力、外部压力和工作吸引力。因此，要充分发挥人的工作动力，就必须采取激励原则。

必备知识点 5 在安全生产管理中，运用预防原理的原则

（1）偶然损失原则 事故后果以及后果的严重程度，都是随机的、难以预测的。反复发生的同类事故，并不一定产生完全相同的后果，这就是事故损失的偶然性。偶然损失原则告诉我们，无论事故损失的大小，都必须做好预防工作。

（2）因果关系原则 事故的发生是许多因素互为因果连续发生的最终结果，只要诱发事故的因素存在，发生事故是必然的，只是时间或迟或早而已，这就是因果关系原则。因果关系原则告诉我们，因为有危险因素的存在，所以发生事故是必然的。因此，我们必须做好预防工作。

（3）3E 原则 造成人的不安全行为和物的不安全状态的原因可归纳为四个方面：技术原因、教育原因、身体和态度原因以及管理原因。针对上述四种方面的原因，可以采取 3 种

防止对策，即工程技术（Engineering）对策、教育（Education）对策和法制（Enforcement）对策。这三种对策就是我们经常所说的"3E"原则。

必备知识点 6 在安全生产管理中，运用强制原理的原则

（1）安全第一原则 安全第一就是要求在进行生产和其他工作时把安全工作放在一切工作的首要位置。当生产和其他工作与安全发生矛盾时，要以安全为主，其他工作要服从于安全，这就是安全第一原则。

（2）监督原则 监督原则是指在安全工作中，为了使安全生产法律法规得到落实，必须明确安全生产监督职责，对企业生产中的守法和执法情况进行监督。

必备知识点 7 安全生产的方针

我国安全生产方针经历了一个从"安全生产"到"安全第一、预防为主"的发展过程，且强调在生产中要做好预防工作，尽可能将事故消灭在萌芽状态。"安全第一、预防为主"是党和国家的一贯方针。《安全生产法》第 3 条规定："安全生产工作应当以人为本，坚持安全发展，坚持安全第一、预防为主、综合治理的方针，强化和落实生产经营单位的主体责任，建立生产经营单位负责、职工参与、政府监管、行业自律和社会监督的机制。"

安全第一，是强调安全、突出安全、安全优先，把安全放在一切工作的首位，要求各级政府和企业领导及职工把安全生产当作头等大事来抓，切实处理好安全与效益、安全与生产的关系。当生产建设等与安全发生矛盾时，安全是第一位的。要树立人是最宝贵的思想，努力做到不安全不生产、隐患不处理不生产、措施不落实不生产。在确保安全的前提下，实现生产经营的各项指标。安全第一是衡量安全工作的硬性指标，必须认真贯彻执行。

预防为主，是实现安全第一的前提条件。要实现安全第一，必须以预防为主。要不断地查找隐患，谋事在先，尊重科学，探索规律，采取有效的事前控制措施，防微杜渐、防患于未然，把事故、隐患消灭在萌芽之中。虽然在生产经营活动中还不可能完全杜绝事故发生，但只要思想重视，按照客观规律办事，运用安全原理和办法，预防措施得当，事故特别是重大恶性事故就可以大大减少。

安全第一、预防治理，是目标原则和手段措施的关系。不坚持安全第一，预防为主很难落实：坚持安全第一，才能自觉地或科学地预防，达到预期目的；反之，只有坚持预防为主，才能减少。

必备知识点 8 事故预防与控制的基本原则

事故预防与控制包括事故预防和事故控制。前者是指通过采用技术和管理手段使事故不发生；后者是通过采取技术和管理手段，使事故发生后不造成严重后果或使后果尽可能减小。对于事故的预防与控制，应从安全技术、安全教育和安全管理等方面入手，采取相应的措施。

安全技术措施着重解决物的不安全状态问题，安全教育措施和安全管理措施主要着眼于人的不安全行为问题。安全教育措施主要是使人知道哪里存在危险源，如何导致事故，事故的可能性和严重程度如何，面对可能的危险应该怎么做；安全管理措施则是要求必须怎么做。

实践技能

实践技能1 砌筑工施工安全总体要求

砌筑工施工安全总体要求见表7-1

表7-1 砌筑工施工安全总体要求

序号	安全技术要求
1	进入现场,必须戴好安全帽,扣好帽带,并正确使用个人劳动防护用具
2	操作人员必须身体健康,并经过专业培训考试合格,在取得有关部门颁发的操作证或特殊工种操作证后,方可独立操作。学徒必须在师傅的指导下进行作业操作
3	悬空作业处应有牢靠的立足处,并必须视具体情况,配置防护网、栏杆或其他安全设施
4	悬空作业所用的索具、脚手板、吊篮、吊笼、平台等设备,均需经过技术鉴定或检证方可使用
5	在操作之前必须检查操作环境是否符合安全要求,道路是否畅通,机具是否完好牢固,安全设施和防护用品是否齐全。经检查符合要求后才可施工
6	砌基础时,应检查和经常注意基坑土质变化情况,有无崩裂现象,堆放砌块材料应离开坑边1m以上;当深基坑装设挡板支撑时,操作人员应设梯子上下,不得攀跳;运料不得碰撞支撑,也不得踩踏砌体和支撑上下
7	墙身砌体高度超过地坪1.2m时,应搭设脚手架;在一层以上或高度超过4m时,采用里脚手架必须支搭安全网,采用外脚手架应设护身栏杆和挡脚板后方可砌筑
8	脚手架上堆料量不得超过规定荷载,堆砖高度不得超过3皮侧砖,同一块脚手板上的操作人员不应超过2人
9	在楼层(特别是预制板面)施工时,堆放机械、砖块等物品不得超过使用荷载,如超过荷载时,必须经过验算采取有效加固措施后方可进行堆放和施工
10	不准站在墙顶上做划线、刮缝和清扫墙面或检查大角垂直等工作
11	不准用不稳固的工具或物体在脚手板面垫高操作,更不准在未经过加固的情况下,在一层脚手架上随意再叠加一层,脚手板不允许有空头现象,不准用2cm×4cm木料或钢模板作立人板
12	砍砖时应面向内操作,注意碎砖跳出伤人
13	使用于垂直运输的吊笼、绳索具等,必须满足负荷要求,牢固无损,吊运时不得超载,并须经常检查,发现问题及时修理
14	用起重机吊砖要用砖笼,吊砂浆的料斗不能装得过满,吊件回转范围内不得有人停留
15	砖料运输车辆两车前后距离平道上不小于2m,坡道上不小于10m,装砖时要先取高处后取低处,防止倒塌伤人
16	砌好的山墙,应临时系连接杆(如檩条等)放置各跨空墙上,使其连接稳定,或采取其他有效的加固措施
17	冬季施工时,脚手板上有冰霜、积雪,应先清除后才能上架子进行操作
18	如遇雨天及每天下班时,要做好防雨措施,以防雨水冲走砂浆,使砌体倒塌
19	在同一垂直面内上下交叉作业时,必须设置安全隔板,下方操作人员必须戴好安全帽
20	人工垂直向上或往下(深坑)传递砖块,架子上的站人板宽度应不小于60cm

实践技能2 砖石基础砌筑安全技术

1)对基槽、基坑的要求。基槽、基坑应视土质和开挖深度留设边坡。如因场地小,不能留设足够的边坡,则应支撑加固。基础摆底前还必须检查基槽或基坑,如有塌方危险或支撑不牢固,要采取可靠措施后再进行工作。工作过程中要随时观察周围土壤情况,发现裂缝和其他不正常情况时,应立即离开危险地点,采取必要措施后才能继续工作。基槽外侧1m以内严禁堆物。人进入基槽工作应有上下设施(踏步或梯子)。

2)材料运输。搬运石料时,必须起落平稳,两人抬运应步调一致,不准随意乱堆。向基槽内运送石料或砖块,应尽量采用滑槽,上下工作要相互联系,以免伤人或损坏墙基或土壁支撑。当搭跳板(又称铺道)或搭设运输通道运送材料时,要随时观察基槽(坑)内操作人员,以防砖块等掉落伤人。

3)取石。在石堆上取石,不准从下掏挖,必须自上而下进行,以防倒塌。

4）基槽积水的排除。当基槽内有积水，需要边砌筑边排水时，要注意安全用电，水泵应用专用闸刀和触电保护器，并指派专人监护。

5）雨雪天的要求。雨雪天应注意做好防滑工作，特别是上下基槽的设施和基槽上的跳板要钉好防滑条。

实践技能3 砖墙砌筑安全技术

1）检查脚手架 砖瓦工上班前要检查脚手架的绑扎是否符合要求，对于钢管脚手架，要检查其扣件是否松动。雨雪天或大雨以后要检查脚手架是否下沉，还要检查有无空头板和迭头板。若发现上述问题。要立即通知有关人员给予纠正。

2）正确使用脚手架 无论是单排或双排脚手架，其承载能力都是3.0kPa。一般在脚手架上堆砖不得超过三码，操作人员不能在脚手架上嬉戏及多人集中一起。不得坐在脚手架的栏杆上休息，发现有脚手架板损坏要及时更换。

3）严禁站在墙上工作或行走，工作完毕应将墙上和脚手架上多余的材料、工具清理干净。在脚手架砍凿砖块时，应面对墙面，把砍下的砖块碎屑随时填入墙内利用，或集中在容器内运走。

4）门窗的支撑及拉结杆应固定在楼面上，不得拉在脚手架上。

5）山墙砌到顶以后，悬臂高度较高，应及时安装檩条。如不能及时安装檩条，应用支撑撑牢，以防大风刮倒。

6）砌筑出檐时，应按层砌，应先砌后部后砌出檐，以防出檐倾翻。

实践技能4 石砌体施工安全技术

1）砌筑高度。毛石墙每天砌筑高度不得超过1.2m。

2）砌石的脚手架。砌筑毛石要搭设两面脚手架，脚手架小横杆要尽量从门窗洞口穿过，或者采用双排脚手架。必须留置脚手洞时，脚手洞要与墙面缝式吻合，混水墙的脚手洞可用C20混凝土堵补，清水墙则要留出配好的块石以待修补。脚手板不准紧靠毛石墙面，打下的碎石应随时清除。

3）石料的运输。基础砌筑时，严禁在基槽边抛掷石块，应从斜道上运下。抬运石料的斜道应有防滑措施，石料的垂直运输设备应有防止石块滚落的设施。

4）石料的加工。毛石不得在墙上加工，以防止震松墙上石块滚落伤人。加工石料应佩戴风镜或平光眼镜，以防石屑崩出伤人。

5）其他。砌筑毛石砌体时，周围不应有打桩、爆破等强烈震动，以免震塌伤人。

实践技能5 砌块砌筑安全技术

1）必须采用双排脚手架，不得在墙上留脚手眼，严禁将脚手架横杆搁置在砖墙上。

2）严禁站在墙上工作和行走。

3）手抓砖要抓稳，防止操作时砖坠落。

4）在砌筑过程中，对稳定性较差的窗间墙、独立柱和挑出墙面较多的部位应加临时支撑，以保证其稳定性。

5）砌筑完毕，脚手架上断砖杂物应及时清理回收。

实践技能6 砌块运输、堆放安全技术

1) 进入现场，必须戴好安全帽，扣好帽带，并正确使用个人劳动防护用具。

2) 悬空作业处应有牢靠的立足处，并必须视具体情况，配置防护网、栏杆或其他安全设施。

3) 悬空作业所用的索具、脚手板、吊篮、吊笼、平台等设备，均需经过技术鉴定或验证方可使用。

4) 上班前，应对各种起重机械设备、绳索、夹具、临时脚手架和其他施工安全设施进行检查，特别是要检查夹具的有关零件是否灵活牢靠，剪刀夹具悬空吊起后夹具是否自动拉拢，夹板齿或橡胶块是否磨损，夹板齿槽中的垃圾是否清除。夹具应定期进行检查和有关性能的测试，如发现歪曲变形、裂痕、夹板磨损等情况，应及时修理，不应勉强使用。新夹具使用前，应先认真验收，尺寸应准确，并进行性能测试。

5) 砌块在装夹前，应先检查砌块是否平稳，如果有歪斜不齐时，应撬正后再夹；夹具的夹板在砌块的中心线上，以防止砌块起吊后歪斜。砌块起吊过程中，如发现有部分破裂且有脱落危险的砌块，严禁继续起吊。起重摆杆回转时，严禁将砌块停留在操作人员上空或在空中修理、处理砌块，摆杆及吊钩下方不得站人或进行其他操作。砌块吊装时不准在下层楼面进行其他任何工作。利用台灵架吊装较重的构件时，台灵架应加稳绳。

6) 台灵架或其他楼面起重机、起重机设备等就位后，吊装前应检查这些设备的位置、压重、缆绳的锚口等是否符合要求。

7) 卸下和堆放砌块的地方应平整、无杂物、无块状物体，以防止个别砌块在夹具松开后倒下伤人。在楼面卸下、堆放砌块时，应尽量避免冲击，严禁倾斜及撞击楼板。砌块的堆放应尽量靠近楼板的端部。楼面上砌块的备量，应考虑楼面的承载能力和变形情况，楼面荷载不准超过楼板的允许承载能力，否则应采取相应的加固措施，如在楼板底加设支撑等。

8) 砌块吊装就位时，应待砌块放稳后，方可松开夹具。

9) 遇到下列情况时，应停止吊装作业：不能听清信号时；起吊设备、索具、夹具等有不安全因素尚未排除时；大雾或照明不足时。

10) 冬期施工时，应在上班操作前清除掉在机械、脚手板和作业区内的积雪、冰霜，严禁起吊同其他材料冻结在一起的砌块和构件。砌块或其他构件吊装时应注意被吊物体重心的位置。起重量应严格控制在允许范围内，应严格控制起重拔杆的回转半径和变幅角度。不准起吊在台灵架的前支柱之后的砌块或其他构件，不准放长吊索拖拉砌块或构件。吊起砌块后做水平回转时，应由操作人员牵引，以免摇摆和碰撞墙体或临时脚手架等。

小经验

砖砌体工程，在非抗震设防区及抗震设防烈度为6度、7度地区的临时间断处应如何处理？

答：非抗震设防区及抗震设防烈度为6度、7度地区的临时间断处，应砌成斜槎。当不能留斜槎时，除转角处外，可留直槎，但直槎必须做成凸槎。留直槎处应加设拉结钢筋，拉结钢筋的数量为每120mm墙厚放置1φ6拉结钢筋（120mm厚墙放置2φ6拉结钢筋），间距沿墙高不应超过500mm，埋入长度从留槎处算起每边均不应小于500mm，对抗震设防烈度为6度、7度的地区，不应小于1000mm，末端应有90°弯钩。